設計技術シリーズ

熱電発電技術と設計法
－小型化・高効率化の実現－

［著］

九州工業大学
宮崎 康次

科学情報出版株式会社

緒　論

　エネルギーは、現代の人間が生きていく上でもはや欠かすことができないものであり、省エネルギーはもとより新エネルギー技術の開拓は必然と言える。化石燃料の燃焼や核反応で得られる膨大な熱エネルギー、もしくは自然にある風の力を得てタービンを回して電力を得る火力発電や原子力発電、風力発電の重要性は言うまでもないが、一方で半導体を利用した太陽電池のような直接発電の開発も進んでいる。直接発電は、従来のタービンを回して発電する技術とは全く異なり、機械的な可動部を持たないため、騒音問題もなくメンテナンスフリーで長時間動作する。小型化も容易で近年 IoT の提案で重要性を増しているエネルギーハーベスティング技術では直接発電が可能性のある技術として大いに期待を集めている。光から直接発電する太陽電池、燃料から直接発電する燃料電池と比較して熱から直接発電する技術が熱電発電である。本書を手にされる方は、熱電発電の魅力を感じておられる方と想定されるので、これ以上、熱電発電の重要性を述べる必要もないと思われる。

　現在、電子機器の消費電力低減技術などと相まって、熱電発電が改めてブームを迎えていることを感じる。日本には日本熱電学会、世界にはInternational Thermoelectric Conference と呼ばれる集まりがそれぞれ年 1 回開催され、ヨーロッパには European Thermoelectric Conference が存在する。アジアでも Asian Thermoelectric Conference が立ち上げられた。これは特に米国から帰国した中国人の影響も大きいと思われるが、世界各国で熱電発電に可能性を感じている研究者が多いことを示している。実際に学会に参加すると、新規のグループによる研究発表が多くのセッションで見られる。しかし、その大部分は材料工学や物理学の研究者であり、研究として成り立つかという事情があるにせよ、熱工学の研究者がモジュールを熱設計したという発表はまだまだ少ない。

　日本では、理科系離れ対策として、大学と地域が連携した子供向けイベントが開催され、企業主催のイベントも多く目にするようになってきた。先日、高校生がコンピューターの排熱を使って発電量を競うコンテ

ストが企業により主催され、審査員として加わる機会があった。先に述べたが直接発電は可動部が無く、安定して動作することが利点であるが、コンテストの規定でないにも関わらず、出場全チームが熱電発電を選択していた。高校生が試行錯誤でたどり着いたのが熱電発電であり、その使いやすさ（作りやすさ）はおそらく可動部を有するスターリンエンジンなどの他技術と比較して群を抜いているのである。しかし残念ながら、熱電発電がコンテストとして成立してしまうほど、まだまだ知識が整理されていないことも実感させられた。コンテストでは同じ熱源が配布されるので、手に入る熱電モジュールの質に限界があることを考慮すると、全チームが最適設計にたどり着ければ、発電量に大きな差は生じないはずである。それこそが技術と呼ばれるものである。

　研究者が取り組むレベルによると思われるが、熱電モジュールを購入してきてモノを動くようにするには熱工学の知識が大きく左右するように感じられた。熱電発電技術となれば、当然、材料自体の熱電特性の向上、電極や基板などの構成材料の選択、異種材料接合技術と評価、熱応力緩和など様々な知識が必要と思われるが、本書では執筆者の専門である熱工学を設計の中心においてみた。実務で熱電モジュールを設計、製造、販売しているメーカー技術者からはお叱りを受けると思われるが、大学研究者の限界としてお許し頂きたい。高校生がコンテストで熱電発電を利用した機器を設計し、モノとして動かせる技術を本書で手に入れられれば、著者の当初の目標は達成できたと考えたい。

目　　次

緒論

第1章　熱電変換の基礎

1－1　熱電特性 ・・・ 3

1－2　熱電発電のサイズ効果 ・・・・・・・・・・・・・・・・・・・・・・・・・・・・・ 6

1－3　ペルチェ冷却 ・・ 9

1－4　ハーマン法 ・・・ 12

1－5　まとめ ・・・ 15

第2章　熱工学の基礎

2－1　熱エネルギー ・・ 19

2－2　熱輸送の形態 ・・・・・・・・・・・・・・・・・・・・・・・・・・・・・・・・・・・・・・・ 20

2－3　フーリエの法則 ・・・・・・・・・・・・・・・・・・・・・・・・・・・・・・・・・・・・ 21

2－4　熱伝導方程式 ・・・・・・・・・・・・・・・・・・・・・・・・・・・・・・・・・・・・・・・ 22

2－5　熱抵抗モデル ・・・・・・・・・・・・・・・・・・・・・・・・・・・・・・・・・・・・・・・ 28

2－6　対流熱伝達 ・・ 33

2－7　次元解析 ・・・ 36

2－8　ふく射伝熱 ・・ 40

第3章　熱流体数値計算の初歩

3－1　熱伝導数値シミュレーション ・・・・・・・・・・・・・・・・・・・・・・ 48

3－2　陽解法、陰解法 ・・・・・・・・・・・・・・・・・・・・・・・・・・・・・・・・・・・・ 54

3－3　壁面近傍における層流の強制対流熱伝達計算 ・・・・・・・・ 66

○目次

第4章　熱電モジュールの計算

4－1　熱電発電の効率計算　・・・・・・・・・・・・・・・・・・・・・・・・・・・　86

4－2　p型、n型素子の最適断面積　・・・・・・・・・・・・・・・・・・・・・　96

4－3　In-plane型熱電発電モジュール　・・・・・・・・・・・・・・・・・・・100

第5章　熱電発電計算例

5－1　In-plane型薄膜熱電モジュール　・・・・・・・・・・・・・・・・・・112

5－2　積層薄膜型熱電モジュール・・・・・・・・・・・・・・・・・・・・・・・120

5－3　熱電薄膜モジュールにおけるふく射熱輸送の影響　・・・・・・・・・・124

5－4　熱電モジュール形状　・・・・・・・・・・・・・・・・・・・・・・・・・・130

第6章　追補　・・・・・・・・・・・・・・・・・・・・・・・・・・・・・・・・・135

－ Ⅵ －

第1章

熱電変換の基礎

1－1 熱電特性

　熱電変換は、熱エネルギーと電気エネルギーを直接変換する[1-1]。1822 年にゼーベックにより熱電発電が発見され、1834 年にペルチェにより熱電冷却が発見されている歴史の古い技術である。ゼーベックが発見したころは、異種金属の接触によるものであったが、以降、半導体が発電能力に優れていることがわかり、1950 年代に Goldschmidt により室温で最も高い効率を示す Bi_2Te_3（ビスマステルライド）が発見された。p 型では Sb、n 型では Se がドープされるのが一般的である。その後も特性の高い多くの材料が見つかっているが、それらの特性はゼーベック係数 S μV/K、導電度 σ s/cm、熱伝導率 λ W/(m·K) の 3 つの熱電特性で示される。物質の両端に温度差があるとキャリア（p 型でホール、n 型で電子）が拡散し、電力を得ることができる。温度差あたりの起電力がゼーベック係数であり、ゼーベック係数が大きいほど発電量は多くなる。導電度 σ (=$1/\rho$, ρ: 電気抵抗率 Ω·cm) は素子の内部抵抗に直結している物性値であり、電流が多く流れたほうが電力を多く取れるため、高い導電度が高い熱電特性を示すことになる。温度分布は材料の熱特性と材料が置かれた熱環境によって生じるが、熱電発電に直接関わる熱伝導による熱の流れは温度勾配に比例する。温度勾配によって流れる熱エネルギー量は、単位時間、単位長さあたりに流れるエネルギーを示す熱流束 q W/m^2 で扱う。

ゼーベック係数　$S = -\Delta V / \Delta T$　$\cdots\cdots\cdots\cdots\cdots\cdots\cdots$　(1.1)

電気抵抗　$R = \rho \dfrac{A}{L} = \dfrac{1}{\sigma} \dfrac{A}{L}$　$\cdots\cdots\cdots\cdots\cdots$　(1.2)

熱流束　$q = -\lambda \dfrac{dT}{dx} = \lambda \dfrac{\Delta T}{L}$　（1次元定常状態）　(1.3)

○第1章 熱電変換の基礎

　電子がキャリアとなるn型半導体ではゼーベック係数は負となり、p型半導体では正となる。図1-1にn型半導体での熱電変換の概略を示す。半導体内部では、温度が高いほうが電子の濃度が高いため、高温側から低温側へ電子が拡散する。これが電流となって外部で測定される。ゼーベック係数の定義は材料自体に対するので、低温側から高温側に電流が流れる（電子と電流の向きは逆）ことを考慮して、ゼーベック係数はマイナスとなる。式 (1.1) 右辺にはマイナスの符号が付けられているが、上記の電圧差を測定する際は、図1-1の抵抗部分に電圧計を取り付けて測定するため、測定される電圧差をそのまま使うとゼーベック係数の符号と逆転する。符号の逆転は材料内部を流れる電気の向きにゼーベック係数が定義されているためで、混乱しやすいので注意が必要である。

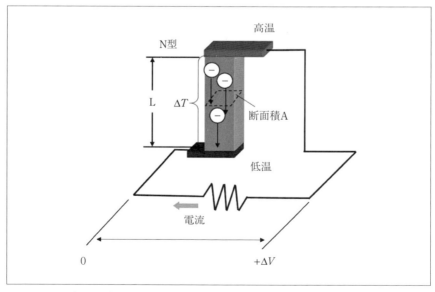

〔図1-1〕熱電材料両端に生じる温度差ΔTと電圧差ΔV

熱電発電の現象については、実用的には式 (1.1) から式 (1.3) までが
すべてであり、極めて単純と言える。従って熱電発電の設計では、如何
に温度差 ΔT を大きくできるか、もしくは必要な電力を得るには、どの
程度大きい熱電材料が必要になるかを求めることになる。

○第1章　熱電変換の基礎

1－2　熱電発電のサイズ効果

　熱電発電は直接発電であることから、物性値が変わらない場合、単純なサイズ効果を考えるのは容易である。素子長 L m、電流が流れる断面積 A m^2 とすると、発電量 P W は以下のように書ける。

$$P = \frac{V^2}{R} = \frac{(S \cdot \Delta T)^2}{\rho \dfrac{L}{A}}$$

$$= \sigma S^2 \left(\frac{\partial T}{\partial x}\right)^2 \times \frac{L}{A} = \frac{S^2}{\lambda} \times \frac{q^2}{\lambda} \times A \times L = \frac{\sigma S^2}{\lambda} \times \frac{q^2}{\lambda} \times V \qquad (1.4)$$

　このように熱電発電による発電量は、素子の体積 V に比例することがわかる。用途によって必要な電力が決定するが、その必要な電力 P を用いて、材料を決定（σ, S, λ を決定）するとおおよそ必要な熱電材料のサイズが決定する。式には熱流束 q W/m^2 が含まれているので、限られた体積 V でも必要な電力を得られるが q を増やす設計は難しい。q を増やしたい場合は水冷が一般的であり、その冷却量は伝熱工学を用いて計算できる。詳細な計算や最先端技術を抜きにすれば、水の沸騰冷却が最も優れた冷却手法となるが、100 W/cm^2 付近がその冷却量の限界の目安である [1-2)]。大雑把な熱伝達率を図 1-2 に示す。熱伝達によって生じる熱流束は、空気や水といった流体の温度 T_∞ と冷却対象の表面温度 T_s の温度差に比例し、その比例係数を熱伝達率 h W/(m^2·K) と呼ぶ。

$$q = h(T_s - T_\infty) \quad\cdots\cdots\cdots\cdots\cdots\cdots\cdots\cdots\cdots\cdots \quad (1.5)$$

　身の回りにある微少な未利用エネルギーから発電するエネルギーハーベスティング [1-3)] であれば、冷却が自然対流冷却程度しか期待できない

－ 6 －

ことがほとんどであり、数 W/m² (数 100μW/cm² 程度) となる。例えばエネルギーハーベスティングで 1μW 得ることを考える。室温付近の排熱は熱の質も低いため熱電変換の効率が 0.1% 程度しかないと仮定した場合、熱電材料を通過する熱量が 1,000μW 必要であることがわかるため、熱電材料の電流が流れる断面積を 10 cm² 程度にしなければならないことも概算できる。熱もなく（温度という側面だけでなく、冷却手法も限られていることも含み）、熱電モジュールを設置するスペースも限られている場合、湯水のようにエネルギーを発電できるわけでもないことがわかる。一方で効率や熱伝達率が概算できれば、細かい熱設計の前

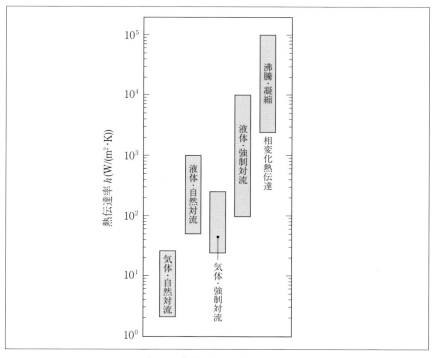

〔図 1-2〕代表的な熱伝達率

○第1章　熱電変換の基礎

に大まかなサイズ設定が可能である。

1-3 ペルチェ冷却

　熱電材料に熱を流すと電気が流れるが（熱電発電）、電気を流すと熱が流れる（ペルチェ冷却）。熱電材料の特性を無次元性能指数 ZT （$Z=\sigma S^2/\lambda$ 1/K、T: 素子平均温度 K）でその高低を評価するが、その計算においてもペルチェ冷却を考慮する必要がある。熱電材料は電気が流れにくい半導体であり、材料内での電子の持つエネルギー（伝電帯の底）E_G は金属のエネルギー（フェルミレベル）E_F より高い。電圧をかけて電子を強引に流した場合、半導体－金属界面で電子は格子振動からエネルギー ΔE をもらって半導体を流れ、金属に戻るときにそのエネルギー ΔE を格子へ離す。電子がキャリアとなる n 型半導体内の電子のエネルギーレベルの概略を図 1-3 に示す。右辺 $3/2k_BT$ はもともと温度 T で電子が有するエネルギーである。

$$\Delta E = E_g - E_F + \frac{3}{2}k_B T \quad \cdots\cdots\cdots\cdots\cdots\cdots\cdots\cdots\cdots\cdots (1.6)$$

　そのエネルギーの授受こそがペルチェ冷却の元であり、キャリアが電

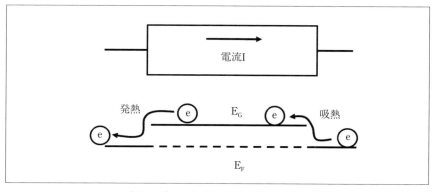

〔図 1-3〕ペルチェ冷却メカニズム

○第 1 章　熱電変換の基礎

子である n 型熱電半導体であれば電圧の高い側で発熱し、電圧の低い側で吸熱する。電流は、単位時間あたりに輸送される電子の数と電荷 e の積であるから、エネルギーの授受を界面で行う電子の数 n は電流を電荷で割った値である。

$$n = -\frac{I}{e} \quad \cdots\cdots\cdots\cdots\cdots\cdots\cdots\cdots\cdots\cdots\cdots \quad (1.7)$$

電子 1 個あたりの熱エネルギーの授受が式（1.6）で与えられるため、式（1.7）から得られる電子の数を式（1.6）にかけ合わせると、単位時間あたりに冷却できる熱エネルギー量 Q が計算できる。

$$Q = \Delta E \cdot n = -\left(E_g - E_F + \frac{3}{2} k_B T \right) \frac{I}{e} \quad \cdots\cdots\cdots\cdots\cdots \quad (1.8)$$

式（1.8）より、電流 I A とペルチェ吸熱 Q W（ペルチェ発熱）は比例することもわかる。書き直して、

$$Q = \Pi I \quad \cdots\cdots\cdots\cdots\cdots\cdots\cdots\cdots\cdots\cdots\cdots \quad (1.9)$$

として、比例係数 Π W/A(=V) をペルチェ係数と呼ぶ。計算の詳細を省略するが、このペルチェ係数 Π とゼーベック係数には $\Pi = ST$ という関係があり、ケルビンの式と呼ばれている。従って、ゼーベック係数 S は次のように書ける。

$$S = -\frac{k_B}{e} \left(\frac{3}{2} + \frac{E_g - E_F}{k_B T} \right) \quad \cdots\cdots\cdots\cdots\cdots\cdots \quad (1.10)$$

E_g は動きやすい電子のエネルギー状態を数字で表しており、材料の

－ 10 －

構成原子、結晶構造に起因することから材料開発によって制御できる。式 (1.10) だけを見ると、E_g をできる限り大きくすれば優れた熱電特性を持つ材料を生み出せるように見えるが、取り出せる電流に結びつく導電度も重要であるため単純ではない。E_g を非常に大きくすることは絶縁体を作ることと同義である。結果として程よい E_g の値をもつ半導体が熱電材料として用いられる。これらの詳細は半導体工学の教科書[1-4]や熱電関連のハンドブック[1-5]に詳しいが熱電発電モジュールの熱設計には直接関係しないので本書では省略する。

○第1章 熱電変換の基礎

1-4 ハーマン法[1-6]

熱電材料を評価する値として以下に示す無次元性能指数 ZT がある。T は熱電材料の使用温度で低温部と高温部の平均値とする。評価できる理由については、第4章で詳細を説明する。

$$ZT = \left(\frac{\sigma S^2}{\lambda}\right) \cdot T \qquad\qquad\qquad\qquad\qquad (1.11)$$

無次元性能指数 ZT を得るには、導電度 σ、ゼーベック係数 S、熱伝導率 λ をそれぞれ測定する必要があるが、それぞれの測定だけでも誤差があることから、計算結果として得られる ZT の誤差はさらに大きくなる。そのため直接 ZT を得る方法にハーマン法と呼ばれる手法があり、

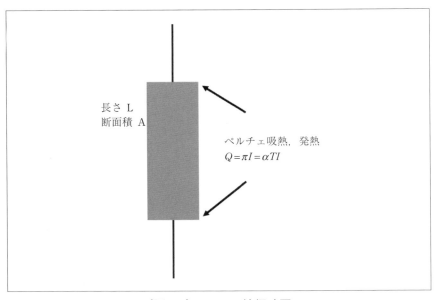

〔図1-4〕ハーマン法概略図

計算の例題として扱う。ハーマン法では応答の悪い熱伝導と応答の早い電子輸送の違いを利用している。概略を図1-4に示す。電流 I が印加される熱電材料の両端では、ΠI の発熱もしくは吸熱が生じる。ただし交流電流 I_{AC} が高い周波数で印加された場合には、発熱吸熱しても全体に温度差 ΔT が付く前に吸熱端と発熱端が入れ替わるため、両端に温度差がつかない。従って電気抵抗 R（導電度 σ）と電流から単純に以下のオームの式が成り立つ。

$$V_{AC} = RI = \frac{1}{\sigma}\frac{L}{A}I_{AC} \quad \cdots\cdots\cdots\cdots\cdots\cdots\cdots\cdots \quad (1.12)$$

一方で直流電圧 V_{DC} を熱電材料に印加した時は、材料両端でのペルチェ発熱とペルチェ吸熱から熱量 Q が材料を流れ、熱伝導率 λ に応じた温度差 ΔT が生じる。式（1.3）は単位面積あたりに流れる熱量（熱流束）に対して成り立つ式であるから、両辺に材料の断面積 A をかけると以下の式が導かれる。

$$Q(= \Pi I_{DC}) = q \cdot A = -\lambda\frac{\partial T}{\partial y}A = \lambda\frac{\Delta T}{L}A \quad \cdots\cdots\cdots\cdots\cdots \quad (1.13)$$

交流電流 I_{AC} を材料に印加した際は、両端に温度差が生じないので起電力も発生しないが、直流電圧 I_{DC} を材料に印加した際は、式（1.13）に示すように ΔT の温度差が発生するため、温度差 ΔT で生じる熱起電力 $S\Delta T$ がオームの法則で生じる電圧差に加えて測定される。

$$S\Delta T = V_{DC} - V_{AC} \quad \cdots\cdots\cdots\cdots\cdots\cdots\cdots\cdots \quad (1.14)$$

式（1.11）に式（1.12）から式（1.14）までを代入して整理すると以下の式が導ける。

○第1章　熱電変換の基礎

$$ZT = \frac{\sigma S^2}{\lambda}\,T = \frac{S \cdot ST}{R_{AC}\dfrac{A}{L} \cdot \dfrac{Q}{\Delta T}\dfrac{L}{A}} = \frac{S \cdot ST}{\dfrac{V_{AC}}{I} \cdot \dfrac{\Pi I}{\Delta T}} = \frac{S\Delta T}{V_{AC}} = \frac{V_{DC} - V_{AC}}{V_{AC}} = \frac{V_{DC}}{V_{AC}} - 1$$

$$\cdots (1.15)$$

　以上のように熱電材料に交流電流と直流電流を印加し、その比を得ると直接 ZT が測定される。交流電流の周波数については、非定常熱伝導の温度浸透深さが目安になる。熱電材料の両端で生じた発熱と吸熱はすべて材料内を通過することが仮定されているので、配線からの熱の逃げをできる限り小さくする必要がある。熱電材料と配線の接続も悪いと接触抵抗が発生するため、接触抵抗に起因する発熱が測定の精度を下げる。可能な限り細く、長い導線を用い、さらに可能な限り接触抵抗を小さくするなどの実験条件さえしっかりと整えられていれば、3つの熱電特性と温度を測定することなく ZT が直接測定される。

1-5 まとめ

　本章では熱電材料の持つ3つの熱電特性について概説した。この3つの特性さえわかっていれば、詳細を計算せずとも発電するモジュールを作ることは可能である。本章では踏み込んで、熱電発電の仕組みを把握するため、古典的な熱電発電のサイズ効果、ペルチェ効果、熱伝達についても触れた。直感的なペルチェ効果の理解からゼーベック係数の中身を知り、世界中で激しい競争となっている熱電変換の新材料開発を感じることを狙いとした。最後に熱電物性を理解するための練習問題として、ハーマン法についても取り上げた。次章では熱電モジュールの熱設計を行う上で避けられない熱工学について説明する。

○第1章　熱電変換の基礎

参考文献

1-1) 梶川武信　監修、熱電変換技術ハンドブック、NTS, 2008.

1-2) 日本機械学会編、JSME テキストシリーズ　伝熱工学、日本機械学会、
　2005.

1-3) 鈴木雄二　監修、環境発電ハンドブック, NTS, 2012.

1-4) 小長井誠　著、半導体物性、培風館, 1992.

1-5) 坂田亮　編、熱電変換工学、リアライズ社、2001.

1-6) T.C. Harman, Journal of Applied Physics, Vol.29,（1958）1373.

第2章

熱工学の基礎

2−1 熱エネルギー

　これまでに読者が触れてきた最も簡単な熱エネルギーに関わる物性は比熱 c cal/(g·K) と思われる。水 1 g を 1 K 上昇させるのに必要な熱エネルギーは 1 cal である。熱工学では一般的な単位として SI 単位系が使われるため、熱の仕事当量として 1 cal=4.2 J が用いられ、何 J のエネルギーが輸送されるかを計算する。余談ではあるが、化学エネルギーでは kcal（キロカロリー）が用いられることが多いが、その量は力学的エネルギーと比較すると膨大であることはよく知られている（図2-1）。熱輸送を考える際には、単位時間、単位面積あたりのエネルギー輸送量が物性と直結しており、何 W(=J/s) のエネルギーが単位断面積あたりどれだけ流れるかを示す熱流束 q W/m^2 が扱われる。

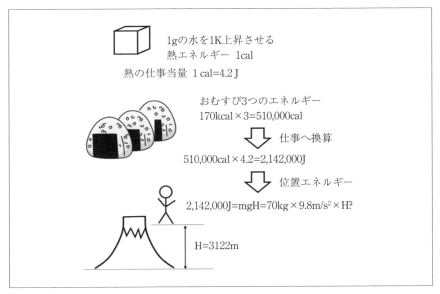

〔図2-1〕熱エネルギーとその大きさ

2-2　熱輸送の形態

　熱エネルギーが輸送される形態は、扱いも異なることから熱伝導、熱対流、ふく射の3つにわけられる（図2-2）。どの輸送も高い温度から低い温度へ向かって熱エネルギーが輸送されることは同じであるが、その輸送量が物性値や形状、流れ場の様子などで異なる。熱対流は、最終的には流体の熱伝導を考えることになるので熱伝導と同じと考えられるが、実際は温度分布が流体の速度分布によって変化するので別扱いとなる。ふく射伝熱は、電磁波による熱エネルギー輸送なので、熱伝導、熱対流とは完全に扱いも異なる。熱電発電では、固体内の熱輸送を扱うのが一般的であるため、熱伝導への理解が最も重要と考えられる。加熱面に熱電モジュールを固定して発電することを考えると、冷却面側を如何にして低温に保つかが重要となるので、実用上熱対流をすべて解ける必要はないが、ハンドブック[2-1]を見て熱伝達率を計算できる程度の知識は必要となる。ふく射伝熱はエネルギーハーベスティングのような場面では必要となることは少ないが、加熱炉などの高温で熱電発電を行う際には必要となってくると考えられるので、本書でも少し触れる。

〔図2-2〕伝熱の3形態

2－3　フーリエの法則

　先に述べた熱流束 q は温度勾配に比例することが現象論としてフーリエの法則として知られていることは、式（1.3）に示した通りである。比例係数の前についているマイナスの符号は、高温から低温に流れる熱流束が正の値であるため必要となる。比例係数 λ W/(m·K) が熱伝導率と呼ばれる物性値であり材料固有の値である。研究の最先端では、材料中にナノ構造を作り出して λ W/(m·K) を制御することが盛んであるが、熱設計には直接関係ないので本書では触れない。フーリエの式だけでは温度勾配に比例して熱流束が流れることしか示しておらず、温度分布を得ることができないため次に熱伝導方程式について説明する。

2−4 熱伝導方程式

　ここでは微小な体積におけるエネルギー保存を考える（図2-3）。図中右側へ出ていく熱エネルギーが左側から入ってきた熱エネルギーより小さければ、その差が温度上昇のために使われたと考える。図は、2次元であるため、簡単のため紙面に垂直な奥行きは1とすると、熱流束 q が入る断面積は $\Delta y \times 1 = \Delta y$ m^2 となる。従って、右から入る熱エネルギーは熱流束に断面積をかけた q W/m$^2 \times \Delta y$ m$^2 = q\Delta y$ W となる。

　微小空間の温度上昇に使われる熱エネルギー＝左からの熱の入り－右への熱の逃げであるから、

$$\rho C \Delta x \Delta y \frac{\Delta T}{\Delta t} = q\Delta y - (q + \Delta q)\Delta y = -\Delta q \Delta y$$

$$\rho C \frac{\Delta T}{\Delta t} = -\frac{\Delta q}{\Delta x} \qquad \cdots\cdots\cdots\cdots\cdots (2.1)$$

　ρ kg/m^3 は対象としている材料の密度、C J/(kg・K) は材料の比熱である。微小空間の体積は $\Delta x \times \Delta y \times 1$ m^3 で密度、比熱、体積を用いると微小空間の熱容量は $\rho C \Delta x \Delta y$ J/K となる。そのため時間 Δt に入る熱エネルギー

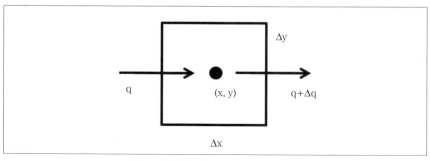

〔図2-3〕微小空間での熱の出入り

$-\Delta q\,\Delta y\,\Delta t$ J と微小空間を温度 ΔT だけ上昇させるのに必要な熱エネルギー $\rho C\Delta x\Delta y\Delta T$ J が釣り合うので、$\rho C\Delta x\Delta y\Delta T = -\Delta q\Delta y\Delta t$ から式 (2.1) が導ける。式 (2.1) の微小量の変化が極めて小さければ、次の微分の形に書き直すことができ、さらに式 (1.3) の熱流束の式を代入すると、以下のように熱伝導方程式が導ける。

$$\rho C\frac{\partial T}{\partial t} = -\frac{\partial q}{\partial x}$$

$$\rho C\frac{\partial T}{\partial t} = -\frac{\partial}{\partial x}\left(-\lambda\frac{\partial T}{\partial x}\right)$$

ここで対象としている材料の熱伝導率が場所に寄らず一定と仮定すると、微分の外に熱伝導率を出せるので

$$\rho C\frac{\partial T}{\partial t} = \lambda\frac{\partial^2 T}{\partial x^2} \quad\text{.....................................}\quad (2.2)$$

と 1 次元の熱伝導方程式が導ける。上記の式を 3 次元に拡張して解けば、熱伝導によって生じる温度分布さらには、その温度変化が分かる。

$$\rho C\frac{\partial T}{\partial t} = \lambda\left(\frac{\partial^2 T}{\partial x^2} + \frac{\partial^2 T}{\partial y^2} + \frac{\partial^2 T}{\partial z^2}\right) + w \quad\text{.........................}\quad (2.3)$$

上式右辺には、発熱項 w W/m^3 も加えた。熱電モジュールの計算では電気が流れている際のジュール発熱など扱うことも多い。ただし熱伝導方程式の両辺の単位を注意してみればわかるが、熱伝導方程式は単位時間、単位体積あたりの温度上昇に対して式が立てられているので、発熱項も単位時間、単位体積あたりの値を入れることに注意したい。式 (2.3) の両辺を ρC で割ると

○ 第2章　熱工学の基礎

$$\frac{\partial T}{\partial t} = a\left(\frac{\partial^2 T}{\partial x^2} + \frac{\partial^2 T}{\partial y^2} + \frac{\partial^2 T}{\partial z^2}\right) + \frac{w}{\rho C} \quad \cdots\cdots\cdots\cdots\cdots\cdots\cdots \quad (2.4)$$

　温度伝播率 $a(=\lambda/\rho C)\mathrm{m^2/s}$ で式を書き直すことができる。温度伝播率は熱拡散率と呼ばれることも多く、単位を見てもわかるように Δt 時間でおおよそ $\sqrt{a\Delta t}\,\mathrm{m}$ だけ温度の情報が周辺に伝わっていく値である。式からわかるように a が大きいほど、単位時間で温度の広がる距離も長くなる。式 $a(=\lambda/\rho C)$ を見れば明らかであるが、温度の伝わりの速さは、熱伝導率が高いほど早くなるが、材料自体が温められるのに必要な熱エネルギーである熱容量にも左右される。伝わってきた熱が自身を温めるために使われれば、温度は伝播していかない。蛇足となるが、a の代わりに物質拡散定数 $D\,\mathrm{m^2/s}$ を使い、温度 $T\,\mathrm{K}$ の代わりに濃度 $c\,\mathrm{mol/m^3}$ を使えばインクが水の中で広がる物質拡散を扱えるし、動粘度 $\nu\,\mathrm{m^2/s}$ と速度 $u\,\mathrm{m/s}$ で式を書き換えれば粘性流れにおける運動量拡散を知ることができる。

　さて式 (2.4) を解ければ、固体内の温度分布とその時間変化をすべて解けることになる。放物型微分方程式と呼ばれる形なので、フーリエ級数展開を使うなり、ラプラス変換を使うなり、いくつかの方法で解くことが可能で数学の教科書[2-2]に詳しい。さらに具体的な手順としては、位置の2階微分、時間の1階微分の式であることから、積分してあらわれる未定定数を決めるため、位置に対して2つの境界条件、時間に対しては初期条件が必要となる。板や線、球といった単純な形状については解析解があり、熱工学的にはハイスラー線図など読む手法があるが詳しすぎるのでここでは触れないし、数値計算が手軽となった現代においてはそ

－ 24 －

の必要性も低下してきたかもしれない。複雑な形状まで含め、数値計算するのが一般的となりつつあり、近年は商用ソフトがあるため自作しなくともマウスでお絵かきする感覚で扱えるようになっている。熱伝導に対する理解を深めるため、半無限体の非定常問題をここで扱う（図2-4）。

時間 $t=0$ において、均一に温度 T_0 とする（初期条件）。同時に表面 $x=0$ のみが T_s に加熱されて、その後、一定に保たれることを考える（境界条件1）。もう一方の無限遠方 $x=\infty$ の温度は T_0 のままとする（境界条件2）。前述の通り、いろいろな解き方があるが $\eta = x/2\sqrt{at}$ として熱伝導方程式を書き直すと以下のように η の常微分方程式となる。

$$\frac{\partial^2 T}{\partial \eta^2} + 2\eta \frac{dT}{d\eta} = 0 \quad \cdots\cdots\cdots\cdots\cdots\cdots\cdots\cdots\cdots\cdots (2.5)$$

この方程式は容易に積分できて、

$$T = c_1 erf(\eta) + c_2 \quad \cdots\cdots\cdots\cdots\cdots\cdots\cdots\cdots\cdots\cdots (2.6)$$

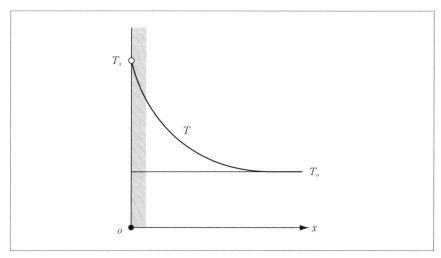

〔図2-4〕半無限体の非定常熱伝導

○第2章　熱工学の基礎

　定式中の $erf(\eta)$ は誤差関数と呼ばれる式で MS-Excel などにも登録されており、現代では PC があれば手軽にその値を得られる。

$$erf(\eta) = \frac{2}{\sqrt{\pi}} \int_0^{\eta} e^{-u^2} du \quad \cdots\cdots\cdots\cdots\cdots\cdots\cdots\cdots\cdots \quad (2.7)$$

　式 (2.6) の未定定数 c_1, c_2 は境界条件と初期条件から決定することになり、境界条件 $x=0$ で $T=T_s$ であるから $c_2=T_s$、もう一つの境界条件 $x=\infty$ で $T=T_0$ であることから（もしくは初期条件 $t=0$ で $T=T_0$）、$T_0=c_1+c_2$ となる（$erf\,0)=0, erf\,(\infty)=1$ を使った）。従って式 (2.6) は

$$T = (T_0 - T_s)\,erf(\eta) + T_s \quad \cdots\cdots\cdots\cdots\cdots\cdots\cdots\cdots \quad (2.8)$$

もしくは

$$\frac{T - T_0}{T_s - T_0} = 1 - erf(\eta) = erfc(\eta) = erfc\left(\frac{x}{2\sqrt{at}}\right) \quad \cdots\cdots\cdots\cdots \quad (2.9)$$

とかける。式 (2.9) の無次元温度を θ と置き、図 2-5 にプロットする。横軸 η は時間 t と位置 x を含んでいるのでわかりにくいが、$\eta=1.8$ で縦軸 θ は 0.01 であり、温度が伝わる距離がわかる。$\eta=1.8$ はすなわち $x=3.6\sqrt{at}$ であることから、この距離 x を温度浸透深さと呼ぶ。表面が加熱されてから時間 t が経過した時に考慮しなければならないサイズがわかるため、非定常熱伝導現象の把握に便利である。前述では $\sqrt{at}$ と説明したが、3.6 倍（おおよそ 4 倍）するほうがより正確である。熱拡散率 a はおおよそ $10^{-6}\,\mathrm{m^2/s}$ のオーダーなので、考えている距離が mm オーダーであれば、1 s でほぼ熱の変化が周辺に伝わる状況と言える。熱電発電を 100 秒以上一定の条件下で行うのであれば、温度浸透深さは 40 cm

程度になっており、反対側の境界条件にまで熱伝導で情報は伝わっていることから、非定常を考慮する必要はなく定常状態で扱ってもよいと考えられる。熱伝導方程式は解析解が示されているとは言えど、熱伝導方程式は位置と時間を含む式であることから計算も面倒となる。熱電モジュールのサイズと材質の温度伝播率 a、考慮する時間を考えると熱伝導方程式の非定常項を考えなくてよいことが多い。このような定常解を扱う際には、熱抵抗モデルが力を発揮する。

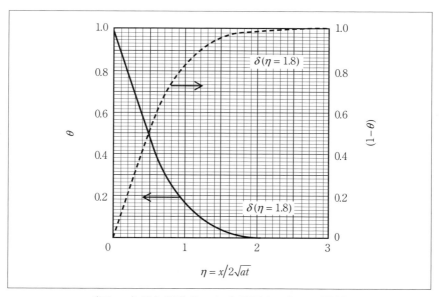

〔図2-5〕半無限物体の無次元温度 θ と η の関係

2−5 熱抵抗モデル

フーリエの式において、熱流束は温度によって駆動されており、熱輸送方向の断面積 A m^2、距離を L m とすると、定常状態における熱輸送量 Q W は式 (1.3) を変形して以下のように書ける。

$$q = -\lambda \frac{dT}{dx} = \lambda \frac{\Delta T}{L}$$

$$Q = qA = \frac{\lambda A}{L}\Delta T = \frac{\Delta T}{L/\lambda A} \quad \cdots\cdots\cdots\cdots\cdots\cdots (2.10)$$

温度差 ΔT が電圧差 V、輸送される熱エネルギー Q が電流 I に対応すると考えると、オームの法則 $V=IR$ との相似性から、$L/\lambda A$ が抵抗 R と対応しており熱抵抗と呼ばれている。異種材料が積層上につながっているときは熱抵抗の直列モデル、水平に並んでいるときは並列モデルを用いればよく、見積もりが容易である。例えば図 2-6 の Π 型熱電モジュールをモデル化する際、図 2-7 のような繰り返しが 17 対あると考え、次のように書ける。ここで p 型と n 型の熱伝導率、断面積、高さは同じと仮定した。

〔図 2-6〕Π 型熱電モジュール

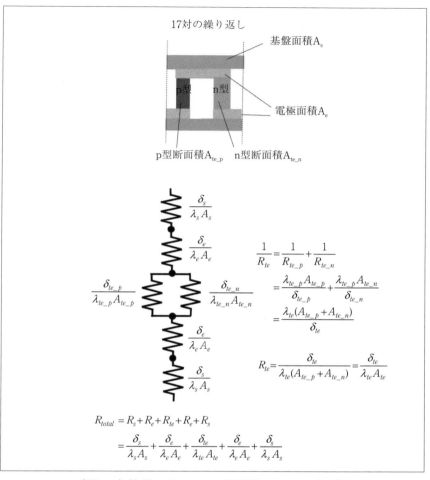

〔図 2-7〕熱電モジュールの熱抵抗によるモデル化

○第2章　熱工学の基礎

モジュールの熱抵抗 ＝

基板の熱抵抗 ＋ 電極の熱抵抗 ＋ 熱電素子の熱抵抗 ＋ 電極の熱抵抗 ＋

基板の熱抵抗

$$R_{total} = \frac{\delta_s}{\lambda_s A_s} + \frac{\delta_e}{\lambda_e A_e} + \frac{\delta_{te}}{\lambda_{te} A_{te}} + \frac{\delta_e}{\lambda_e A_e} + \frac{\delta_s}{\lambda_s A_s} \quad \cdots\cdots\cdots\cdots (2.11)$$

と書ける。一例として熱電素子に一般的な材料として Bi_2Te_3、（断面積 $A_{te} = 1\ mm \times 1\ mm$、高さ $\delta_{te} = 2.4\ mm$）電極にアルミ（$A_e = $ 幅 $1\ mm \times$ 長さ $3\ mm$、厚み $\delta_e = 0.001\ mm$）、基板にアルミナ（1 素子あたり $A_s = 3\ mm \times 3\ mm$、$\delta_s = $ 厚み $0.45\ mm$）が用いられたとする。それぞれの熱伝導率として $\lambda_{te} = 1.5\ W/(m \cdot K)$、$\lambda_e = 237\ W/(m \cdot K)$、$\lambda_s = 24\ W/(m \cdot K)$ とすると式 (2.11) は以下のように計算できる。

$$
\begin{aligned}
R_{total} &= \frac{0.45 \times 10^{-3}}{24 \times 3 \times 10^{-3} \times 3 \times 10^{-3}} + \frac{0.001 \times 10^{-3}}{237 \times 1 \times 10^{-3} \times 3 \times 10^{-3}} \\
&\quad + \frac{2.4 \times 10^{-3}}{1.5 \times \left(2 \times \left(1 \times 10^{-3} \times 1 \times 10^{-3}\right)\right)} \\
&\quad + \frac{0.001 \times 10^{-3}}{237 \times 1 \times 10^{-3} \times 3 \times 10^{-3}} + \frac{0.45 \times 10^{-3}}{24 \times 3 \times 10^{-3} \times 3 \times 10^{-3}} \quad (2.12) \\
&= 2.1 + 0.7 \times 10^{-3} + 800 + 0.7 \times 10^{-3} + 2.1 \quad K/W \\
&= 4.2 + 1.4 \times 10^{-3} + 800
\end{aligned}
$$

＝上限面の基板の熱抵抗
＋上下面の電極の熱抵抗＋熱電素子の熱抵抗

熱電素子の熱抵抗部分 A_{te} は A_{te_p} と A_{te_n} の和なので、2倍となっている。発電する部分は熱電素子で両端に付く温度差が発電される電気の電圧に直接関係することから、式 (2.12) の 800 K/W はもっと大きくなる方が良い。素子サイズ選びについては後述するとして、明らかに熱伝導率

－ 30 －

λ_{te} は小さいほうがよく、世界中で激しい新素材開発競争が行われている。一方、基板と電極の持つ熱抵抗およそ 4.2 K/W は発電に寄与しない無駄な抵抗なので、できる限り小さいほうが良い。電極の極めて高い熱伝導率と薄さからほとんど熱電モジュールの熱特性には影響を与えていないことがわかる。熱抵抗は厚みに比例することからもちろん極薄の電極が求められるが、よほどのことが無い限り、電極が熱的な側面から問題になることはないと考えられる。一方で基板の熱抵抗はそれなりに気になる値である。機械的強度の問題も踏まえた上で薄くできるのであれば、できるだけ薄いほうがよく、材料価格を低く抑えられる範囲で熱伝導率 λ_s が高い材料が望まれる。

改めて、式 (2.12) の値を利用して図 2-6 のようなモジュールでどのようなことが熱的に生じているか考察してみる。図 2-6 は 17 対のモデル図であるが、一般的に購入できるモジュールでは 200 対程度で組み上げられているものが多い。

上式の 1 対あたりの熱抵抗 R_{total} は 804 K/W であり、同様の計算を並列つなぎ 200 対で計算すれば、$200/R_{total}$ の逆数 804/200＝4.02 K/W となることがわかる。今、100℃に加熱された面に熱電モジュールを設置し、低温側が 60℃程度に冷却できたと仮定すると、40℃の温度差で熱電モジュールにはおよそ 10 W（＝40/4.02）の熱エネルギーが通過することとなる。今、熱電変換モジュールが 1% で発電できるとすると 0.1 W（＝100 mW）の電気が得られることが概算できる。後の章で熱電変換効率については述べるが、参考のため ZT=0.6 の材料で上記の温度を仮定すると発電効率は 1.3% と計算される。他、基板の熱抵抗は 4.02 K/W のうち 0.01 K/W であるが、熱電発電モジュール外部にあった温度差 40℃のうち、0.1℃（＝10 W×0.01 K/W）

－ 31 －

○第2章　熱工学の基礎

に相当する熱エネルギーを発電しない基板で消費してしまったこともわかる。

　ここでは、p型とn型の特性が同じとして簡単化した。実際は、熱伝導率が異なるのでそれぞれの断面積を変えてモジュールを作製しなければならず、そこに電気抵抗も考慮する必要性があるため、モジュールの最適設計は単純ではない。この点も後章で触れる。本章では多くは触れなかったが、数値計算で正確に熱伝導方程式を解かなくとも熱抵抗モデルで熱電モジュールを簡略化して、おおよその温度分布を求められることが多い。

2-6 対流熱伝達

　対流熱伝達による熱輸送を計算するには、空気や水といった流れ場が運ぶ熱エネルギーを計算する必要がある。加熱されている壁面に流体を流して加熱面を冷却することを考えると、その冷却できる熱エネルギー量は、加熱壁面の表面温度と流す流体の温度差に比例する。表面を強く冷却したい場合は、温度の低い流体を使うことになる。その式は前章で示した式（1.5）の通りで、熱流束 q W/m^2 と温度差 $\Delta T(=T_\infty - T_s)$ K は比例し、比例定数を熱伝達率 h W/(m^2·K) と呼ぶ。

　この熱伝達率 h を知ることができれば、熱電モジュールの表面が空冷、水冷されるときの熱エネルギーを計算できることになる。ちなみに先の熱抵抗モデルと式（1.5）を見比べれば、表面 A m^2 における熱抵抗は、$1/hA$ K/W となることもわかる。アプローチの一例として層流の強制対流熱伝達を示す（図2-8）。詳細は伝熱工学の教科書[2,3]に詳しい。熱エネルギー輸送であるため、次に示すエネルギー保存の式を解く必要がある。

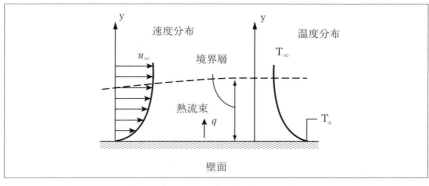

〔図2-8〕壁面近傍の熱伝達概略図

○ 第2章　熱工学の基礎

$$\frac{\partial T}{\partial t}+u\frac{\partial T}{\partial x}+v\frac{\partial T}{\partial y}+w\frac{\partial T}{\partial z}=a\left(\frac{\partial^2 T}{\partial x^2}+\frac{\partial^2 T}{\partial y^2}+\frac{\partial^2 T}{\partial z^2}\right) \quad\cdots\cdots\cdots (2.13)$$

　上式には速度 u, v, w が入っているため、流れ場を知る必要があり、次に示す運動量保存の式を解いて、エネルギー保存の式を解くこととなる。

$$\frac{\partial u}{\partial t}+u\frac{\partial u}{\partial x}+v\frac{\partial u}{\partial y}+w\frac{\partial u}{\partial z}=-\frac{1}{\rho}\frac{\partial p}{\partial x}+\nu\left(\frac{\partial^2 u}{\partial x^2}+\frac{\partial^2 u}{\partial y^2}+\frac{\partial^2 u}{\partial z^2}\right)$$

$$\frac{\partial v}{\partial t}+u\frac{\partial v}{\partial x}+v\frac{\partial v}{\partial y}+w\frac{\partial v}{\partial z}=-\frac{1}{\rho}\frac{\partial p}{\partial y}+\nu\left(\frac{\partial^2 v}{\partial x^2}+\frac{\partial^2 v}{\partial y^2}+\frac{\partial^2 v}{\partial z^2}\right) \quad (2.14)$$

$$\frac{\partial w}{\partial t}+u\frac{\partial w}{\partial x}+v\frac{\partial w}{\partial y}+w\frac{\partial w}{\partial z}=-\frac{1}{\rho}\frac{\partial p}{\partial z}+\nu\left(\frac{\partial^2 w}{\partial x^2}+\frac{\partial^2 w}{\partial y^2}+\frac{\partial^2 w}{\partial z^2}\right)$$

　エネルギー保存の式が解ければ温度分布を得られるので、図2-8 に示す壁面 $y=0$ における温度勾配が得られる。その温度勾配を用いれば、フーリエの式（1.3）より壁から流体へ流れる熱エネルギー（熱流束）が得られる。単純な形状についてはいくつか解法があるが、複雑な形状については数値計算で解く以外になく、上記アプローチを丁寧に行っている。

　一方で単純な形状であれば、既に多くの解析解、実験結果が整理されており、それらを利用するほうが簡単で見積もりも短時間で済む。おおまかな設計を行いたいときであれば十分な情報を得ることができる。熱伝達率 h は無次元数の一つである Nu 数（ヌセルト数、hL/λ）で示し、伝熱工学関連のハンドブックを参照すると、ヌセルト数が Re 数（レイノルズ数、uL/ν）、Pr 数（プラントル数 ν/a）など、さらに多くの無次元数の関数として整理されている。例えば先のエネルギー方程式（2.13）

－ 34 －

と運動量保存の式（2.14）を代表長さや代表速度などで両辺を割る作業を慎重に進めると以下のように無次元数で書き直せる。

$$\frac{\partial u^*}{\partial t^*} + u^* \frac{\partial u^*}{\partial x^*} + v^* \frac{\partial u^*}{\partial y^*} + w^* \frac{\partial u^*}{\partial z^*} = -\frac{\partial p^*}{\partial x^*} + \frac{1}{\mathrm{Re}}\left(\frac{\partial^2 u^*}{\partial x^{*2}} + \frac{\partial^2 u^*}{\partial y^{*2}} + \frac{\partial^2 u^*}{\partial z^{*2}} \right)$$

$$\frac{\partial v^*}{\partial t^*} + u^* \frac{\partial v^*}{\partial x^*} + v^* \frac{\partial v^*}{\partial y^*} + w^* \frac{\partial v^*}{\partial z^*} = -\frac{\partial p^*}{\partial y^*} + \frac{1}{\mathrm{Re}}\left(\frac{\partial^2 v^*}{\partial x^{*2}} + \frac{\partial^2 v^*}{\partial y^{*2}} + \frac{\partial^2 v^*}{\partial z^{*2}} \right)$$

$$\frac{\partial w^*}{\partial t^*} + u^* \frac{\partial w^*}{\partial x^*} + v^* \frac{\partial w^*}{\partial y^*} + w^* \frac{\partial w^*}{\partial z^*} = -\frac{\partial p^*}{\partial z^*} + \frac{1}{\mathrm{Re}}\left(\frac{\partial^2 w^*}{\partial x^{*2}} + \frac{\partial^2 w^*}{\partial y^{*2}} + \frac{\partial^2 w^*}{\partial z^{*2}} \right)$$

$$\frac{\partial T^*}{\partial t^*} + u^* \frac{\partial T^*}{\partial x^*} + v^* \frac{\partial T^*}{\partial y^*} + w^* \frac{\partial T^*}{\partial z^*} = \frac{1}{\mathrm{Re}\cdot\mathrm{Pr}}\left(\frac{\partial^2 T^*}{\partial x^{*2}} + \frac{\partial^2 T^*}{\partial y^{*2}} + \frac{\partial^2 T^*}{\partial z^{*2}} \right)$$

$$\cdots (2.15)$$

u^*, v^*, w^* はそれぞれ代表速度 U で無次元化された無次元速度 $u/U, v/U, z/U$ であり、x^*, y^*, z^* については代表長さ L で無次元化された無次元長さ $x/L, y/L, z/L$、T^* は無次元温度 $(T-T_s)/(T_\infty-T_s)$、p^* は運動エネルギーで無次元化された無次元圧力 $p/\rho U_\infty^2$ である。式（2.15）をよく見ると、Re 数、Pr 数が同じであれば、無次元速度と無次元温度を表現する基礎式が同じとなっている。運動量保存の式（速度 u, v, w を表す式）を見てもサイズ L や流体 ρ, ν を変えてもレイノルズ数 Re が等しければ、同じ無次元速度が得られる。ちなみに式（2.15）には解析解がないことが証明されているため数値解析するか、何かを仮定して簡単化しないと解けないこともよく知られている。次に式を解く前に次元解析を行い、熱対流現象の理解を進める。

– 35 –

○第2章　熱工学の基礎

２－７　次元解析

　今扱う現象の物理量が既知の場合は、それらを組み合わせて必要な無次元数を求めることは簡単で関係物理量の可能なすべての組み合わせは、それぞれの物理量に未定指数をつけてかけ合わせれば一般的にあらわされる。まずは手始めに流体運動の代表例として平板に沿って流れる流体（図2-8）が平板壁面上のある位置 x に及ぼす摩擦力について考える。関係する物理量は、摩擦力 τ の他に主流速度 u_∞、流れ方向の壁面上の位置 x、流体の粘性係数 μ、密度 ρ であるから、

$$\tau^{\pi_1}u_\infty{}^{\pi_2}x^{\pi_3}\mu^{\pi_4}\rho^{\pi_5} \quad\cdots\cdots\cdots\cdots\cdots\cdots\cdots\cdots\cdots\cdots\cdots (2.16)$$

を無次元にする π_1 から π_5 の組み合わせを探せばよいことになる。τ の次元は N/m^2、u_∞ は m/s、他の物理量の単位はそれぞれ x m, μ Pa·s、ρ kg/m^3 であるから、質量 M、長さ L、時間 t でそれぞれの次元を書き直すと式 (2.16) は以下のように書き直せる。

$$\left(\frac{ML}{t^2}\frac{1}{L^2}\right)^{\pi_1}\left(\frac{L}{t}\right)^{\pi_2}(L)^{\pi_3}\left(\frac{M}{tL}\right)^{\pi_4}\left(\frac{M}{L^3}\right)^{\pi_5} \quad\cdots\cdots\cdots\cdots\cdots (2.17)$$

　上式でそれぞれの基本単位である M, L, t の指数がすべて 0 となれば、次元がなくなることを考慮して

$$\begin{aligned}M: &\quad \pi_1+\pi_4+\pi_5=0 \\ L: &\quad -\pi_1+\pi_2+\pi_3-\pi_4-3\pi_5=0 \quad\cdots\cdots\cdots\cdots\cdots\cdots (2.18) \\ t: &\quad -2\pi_1-\pi_2-\pi_4=0\end{aligned}$$

を解く。未知数 5 つで方程式 3 つなので 2 つの無次元数が得られる。今は摩擦力と粘性係数の関係に着目することを計画して、π_1 と π_4 によっ

－ 36 －

て他の指数を書き表すことを考える。π_2, π_3, π_5 は次のように書けるので、

$$\pi_2 = -2\pi_1 - \pi_4$$
$$\pi_3 = -\pi_4 \qquad \cdots\cdots\cdots\cdots\cdots\cdots\cdots\cdots\cdots\cdots\cdots\cdots \quad (2.19)$$
$$\pi_5 = -\pi_1 - \pi_4$$

整理すると次のような式が得られる。

$$\tau^{\pi_1} \cdot U^{-2\pi_1 - \pi_4} \cdot x^{-\pi_4} \cdot \mu^{\pi_4} \cdot \rho^{-\pi_1 - \pi_4} = \left(\frac{\tau}{\rho U^2}\right)^{\pi_1} \cdot \left(\frac{Ux}{\mu/\rho}\right)^{-2\pi_1 - \pi_4} \quad (2.20)$$

π_1 と π_4 は全く任意の数字であることから、（　　）内の変数はそれぞれ無次元、かつ互いに独立である。したがって、この流体の物理現象は以下の形で書き表される。

$$\frac{\tau}{\rho U^2} = f\left(\frac{Ux}{\mu/\rho}\right) = f\left(\frac{Ux}{\nu}\right) = f(\mathrm{Re}) \quad \cdots\cdots\cdots\cdots\cdots\cdots \quad (2.21)$$

このように平板に働く流体からの摩擦力 τ は Re 数の関数であることがわかる。

次に本題の対流熱伝達について次元解析を行う。簡単な例として、流体を流した時に生じる強制対流熱伝達を扱う。位置 x における熱伝達率 h_x W/(m²·K) について調べる。熱エネルギーの輸送なので、比熱 c_p J/(kg·K)、流体の熱伝導率 λ W/(m·K) が含まれるはずである。さきの M, L, T に加えて熱量 H、温度 θ を基本単位として加えると

$$h_x{}^{\pi_1} \cdot U^{\pi_2} \cdot x^{\pi_3} \cdot \mu^{\pi_4} \cdot \rho^{\pi_5} \cdot c_p{}^{\pi_6} \cdot \lambda^{\pi_7} \quad \cdots\cdots\cdots\cdots\cdots\cdots \quad (2.22)$$

から

— 37 —

$$\left(\frac{H}{L^2 t \theta}\right)^{\pi_1} \left(\frac{L}{t}\right)^{\pi_2} (L)^{\pi_3} \left(\frac{M}{tL}\right)^{\pi_4} \left(\frac{M}{L^3}\right)^{\pi_5} \left(\frac{H}{M\theta}\right)^{\pi_6} \left(\frac{H}{Lt\theta}\right)^{\pi_7} \cdots \ (2.23)$$

と次元をならべることができる。7つの物理量と4つの基本単位で書き表されるため（熱量 H と温度 θ は常に H/θ の形で現れるため、改めて Θ と置き直す）、先ほどと同様にそれぞれの単位について方程式を立てると以下のように整理できる。

$$
\begin{aligned}
&\Theta : \pi_1 + \pi_6 + \pi_7 = 0 \\
&L : -2\pi_1 + \pi_2 + \pi_3 - \pi_4 - 3\pi_5 - \pi_7 = 0 \\
&t : -\pi_1 - \pi_2 - \pi_4 - \pi_7 = 0 \\
&M : \pi_4 + \pi_5 - \pi_6 = 0
\end{aligned}
\qquad \cdots\cdots\cdots\cdots\cdots \ (2.24)
$$

摩擦力の時と同様の計算を繰り返すと次のように式 (2.22) は書き直すことができる。

$$h_x^{\pi_1} \ U^{\pi_2} \ x^{\pi_1 + \pi_2} \ \mu^{-\pi_2 + \pi_6} \ \rho^{\pi_2} \ c_p^{\pi_6} \ \lambda^{-\pi_1 + \pi_6} \qquad \cdots\cdots\cdots\cdots\cdots \ (2.25)$$

さらに整理して

$$\left(\frac{h_x x}{\lambda}\right)^{\pi_1} \left(\frac{\rho U x}{\mu}\right)^{\pi_2} \left(\frac{\mu c_p}{\lambda}\right)^{\pi_6} = Nu^{\pi_1} \cdot Re^{\pi_2} \cdot Pr^{\pi_6} \qquad \cdots\cdots\cdots \ (2.26)$$

これにより熱伝達率の無次元数であるヌセルト数 Nu、それに加えて熱と運動量の拡散の比を表すプラントル数 Pr、流れの代表的な無次元数であるレイノルズ数 Re が得られる。従って、Nu 数はプラントル数とレイノルズ数の関数として表現されることがわかる。

－ 38 －

$$Nu = f(\mathrm{Re}, \mathrm{Pr}) \quad \cdots\cdots\cdots\cdots\cdots\cdots\cdots\cdots\cdots\cdots\cdots\cdots\cdots \quad (2.27)$$

　複雑な基礎式を解かずとも、現象を支配している物理量がわかるため、あとは熱関連のハンドブック[2-1]で相関式を調べ、Nu 数の具体的な値を得てしまえば、熱伝達率 h_x を得るのも容易となる。例えば今扱っている平板に沿う層流の熱伝達率 h_x は流れ方向に平板の端からの距離を x として、局所 Nu 数 $Nu_x (= h_x x / \lambda)$、局所 Re 数 $\mathrm{Re}_x (= u_\infty x / \nu)$ として以下のようにあらわされることが知られている[2-3]。

$$Nu_x = 0.332\,\mathrm{Pr}^{1/3}\,\mathrm{Re}_x^{1/2} \quad \cdots\cdots\cdots\cdots\cdots\cdots\cdots\cdots\cdots\cdots \quad (2.28)$$

　空気による対流熱伝達を考えるのであれば、空気の熱伝導率 λ、動粘度 ν は物性値ハンドブック[2-4]で得て、u_∞ は状況として把握している（もしくは測定すればよい）値であることから位置 x における Nu_x がすぐに計算でき、結果として局所熱伝達率 h_x が求まる。形状が複雑になれば、商用ソフトなどで数値解析を実施することになるが、数値解析が完全にブラックボックスとならないよう、数値解析の入口として第 3 章で説明する。

○第2章 熱工学の基礎

2-8 ふく射伝熱

　放射は物体が電磁波の形でエネルギーを放出したり吸収したりする現象である。太陽から地球に降り注ぐ膨大なエネルギーもこのふく射伝熱による。物質の内部荷電の運動が原子や分子の熱運動に付随するために生じ、絶対温度が0でない物質にふく射は必ず生じる[1-2]。表面に到達する電磁波を完全に吸収する理想的な物体を黒体と呼び、その物体から放射される熱エネルギー E_b は温度 T の4乗に比例することが知られている。詳細は、統計熱力学や量子力学[2-5]のふく射伝熱[2-6]の教科書に詳しい。

$$E_b = \sigma T^4 \quad \cdots\cdots\cdots\cdots\cdots\cdots\cdots\cdots\cdots\cdots\cdots\cdots\cdots\cdots\cdots \quad (2.29)$$

　ここで σ はステファンボルツマン定数と呼ばれ、$5.667 \times 10^{-8} \mathrm{W/(m^2 \cdot K^4)}$ であることも知られている。細かい話ではあるが、放射される熱エネルギーは方向によらず一定であることが仮定されていること（乱射性）には注意が必要である。

　もう少し実用的な計算ができるよう説明を続けると、実在する表面は黒体ではないことが明らかであり、放射率 ε で光を放射している（灰色体近似）。

$$E = \varepsilon \sigma T^4 \quad \cdots\cdots\cdots\cdots\cdots\cdots\cdots\cdots\cdots\cdots\cdots\cdots\cdots\cdots \quad (2.30)$$

　温度 T_1、表面積 A_1 の物体1が $E_1(=\varepsilon_1 \sigma T_1^4)$ の熱エネルギーを放射し、温度 T_2、表面積 A_2 の物体が $E_2(=\varepsilon_2 \sigma T_2^4)$ の熱エネルギーを放射しているとき、物体1から物体2への全伝熱量 Q_1 は形態係数 F_{12} に物質の放射率 ε_1 と ε_2 まで加味された輸送係数 $\mathcal{F}_{12}$ を使って以下のように示され

－ 40 －

る [2-7]。

$$Q_1 = A_1 \mathcal{F}_{12} \left(\sigma T_1^4 - \sigma T_2^4 \right) \quad \cdots\cdots\cdots\cdots\cdots\cdots\cdots\cdots\cdots\cdots\cdots (2.31)$$

物質1と物質2の位置関係が図2-9のように同心円または同心球となる場合、輸送係数 $\mathcal{F}_{12}$ は以下のように書けることが知られている。

$$\mathcal{F}_{12} = \frac{\varepsilon_1}{1 + \left(\dfrac{\varepsilon_1 A_1}{\varepsilon_2 A_2} \right)(1 - \varepsilon_2)} \quad \cdots\cdots\cdots\cdots\cdots\cdots\cdots\cdots\cdots (2.32)$$

形態係数 F_{12} ついては、物体1がどのように物体2へ投影されるか丁寧に計算することで得られ、簡単な形状については解析されており表に整理されている [2-7]。形態係数 F_{12} にさらに放射率を入れて丁寧に計算すると輸送係数 $\mathcal{F}_{12}$ が得られるが、詳細は他の教科書に説明を譲る。

今、式（2.32）から物体1が非常に小さく、広いスペース物体2に囲

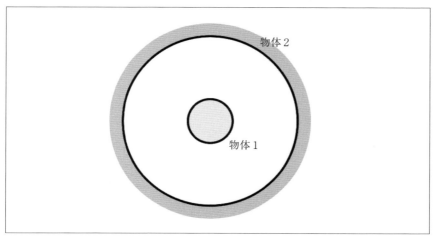

〔図2-9〕物体1と物体2のふく射伝熱

○第2章　熱工学の基礎

まれているとき、A_1/A_2 は非常に小さいと仮定できる。式 (2.31) と式 (2.32) より

$$Q_1 = A_1\left(\sigma T_1^4 - \sigma T_2^4\right)\frac{\varepsilon_1}{1+\left(\dfrac{\varepsilon_1 A_1}{\varepsilon_2 A_2}\right)\left(1-\varepsilon_2\right)} \fallingdotseq \varepsilon_1\sigma\left(T_1^4 - T_2^4\right)A_1 \quad (2.33)$$

とかなり簡単な式にできる。しかも物体1の特性と表面積だけ知っていれば、物体2側は温度情報だけ必要であり、例えば一般的な環境25℃ (=298 K) といった情報だけでおおおその熱輸送も計算できる。

　熱電発電モジュールを高温下で利用するときには、形態係数 F_{12} を数値計算で求めるなど伝熱計算の精度を高めていく必要があるが、商用ソフトでは「ふく射熱輸送」のチェックボックスにチェックを入れる程度の作業となろう。ちなみに温度の4乗に比例するのでその熱輸送量は大きく、例えば冷却フィンのサイズを小さくできるなど、高温で利用する場合はモジュール設計における利用価値は高い。軽量化が第一目的となる深宇宙探査機の電源では、重要な伝熱輸送形式となる。どこまで精度の高い設計が求められるかによるが、灰色体近似では精度が悪い場合もあり、ふく射特性の波長依存性までいれたスペクトル解析を行わないと有効数字一桁目も怪しいことがあるので要注意である。一方、式 (2.24) から考察できることもあるので、最後に付け加えたい。一般的に室温付近ではふく射伝熱は考慮しなくても良いこととされている。しかしさらに式 (2.24) を展開すると以下のようになる。

$$\begin{aligned}
Q_1 &\fallingdotseq \varepsilon_1\sigma\left(T_1^4 - T_2^4\right)A_1 \\
&= \varepsilon_1\sigma A_1\left(T_1 - T_2\right)\left(T_1^3 + T_1^2 T_2 + T_1 T_2^2 + T_2^3\right) \fallingdotseq 4T_1^3\varepsilon_1\sigma A_1\left(T_1 - T_2\right)
\end{aligned}$$
$$\cdots (2.34)$$

－ 42 －

上式では、T_1 と T_2 がほぼ等しいことを仮定した。すなわち今、加熱されている物体 1 の温度 T_1 はほとんど環境温度 T_2 と変わらないとしたことになる。式 (2.25) から熱流束 $q(= Q_1/A_1)$ を計算すると以下のようになる。

$$q = Q_1/A_1 \fallingdotseq 4T_1^3 \varepsilon_1 \sigma (T_1 - T_2) \quad \cdots\cdots\cdots\cdots\cdots\cdots\cdots\cdots\cdots\cdots \quad (2.35)$$

これを熱伝達率の式 (1.5) と見比べると、ふく射伝熱の熱伝達率を計算できる。室温 $T_1 = 298$ K で $4T_1^3\sigma$ は 6 W/(m²·K) となる。ε_1 は 1 以下の値なので実際はもっと低い値になるが、図 1-2 で判断すると空気の自然対流程度の値があることを理解できる。たしかに PC の冷却で見られるようなファンを用いて強制対流冷却すれば大きな熱伝達率が期待できるので、ふく射伝熱は室温付近で無視できることは定量的に確認できる。しかし近年流行となっているエネルギーハーベスティングではファンを付けて冷却などはできないため、フィンをつけて空気の自然対流に頼る以外にないが、フィンにも様々な種類があり材質も異なる。フィンの表面を改質してその放射率を黒体に近づけるようにすれば、最大で自然対流伝熱を倍増する伝熱促進が期待できることもわかる。さらに対流伝熱はサイズの 4 乗に比例するが、ふく射伝熱は式 (2.35) を見ればわかるように右辺にはサイズ依存性がないので、デバイスが小さくなってくると有用な冷却手段となりうることもわかる。

— 43 —

○第2章　熱工学の基礎

参考文献

2-1) 日本機械学会編、伝熱工学資料　改訂第5版，2009.

2-2) 篠崎寿夫ら、工学者のための偏微分方程式とグリーン関数、現代工学社、1987.

2-3) 庄司正弘、伝熱工学、東京大学出版、1995.

2-4) 日本熱物性学会編、新編熱物性ハンドブック、養賢堂、2008.

2-5) 上村洸、山本貴博、基礎からの量子力学、裳華房、2013.

2-6) 円山重直、光エネルギー工学、養賢堂、2004.

2-7) A.F. Mills, Heat Transfer, Prentice Hall, 1999.

第3章

熱流体数値計算の初歩

本書を手に取る技術者のほとんどは熱電モジュール設計に商用の数値計算ソフトを用いるものと想定される。それらソフトウェアの使い方については、それぞれのマニュアルや Website に詳しい。近年では、CADから直接熱流体解析に移れるソフト（Simerics MP, http://www.wavefront.co.jp/CAE/SimericsMPS/）や現象を連成問題として扱うことができるANSYS（https://www.ansys.com/ja-jp/solutions/solutions-by-application/multiphysics）や COMSOL（https://www.comsol.jp/products）など実に様々なソフトが販売されている。完全にブラックボックス化して数値計算を実施するのに不安な技術者は、フリーソフトである OpenFOAM（https://www.openfoam.com/）を利用したり、東京大学の革新的シミュレーションセンターが公開しているソフトウェア（http://www.ciss.iis.u-tokyo.ac.jp/dl/）を利用するのは一案である。

　本書では最初に熱伝導方程式を差分化することで、微分方程式を数値計算する手法を学ぶ。式の差分化を通して熱伝導方程式の物理的な意味も理解することを目指す。さらに数値計算の初歩的な知識として陽解法と陰解法についても触れることで知識を積み上げる。さらに自らソースコードを書くことで、商用ソフトでよく問題になるメッシュ数やメッシュの質などについても理解が進むことを期待する。次に壁面の強制対流熱伝達について、境界層近似して解くことで壁面近傍の境界層内の速度分布と温度分布を数値計算で得る。本来であれば、運動量保存の式であるナビエストークス方程式とエネルギー保存式、質量保存の式である連続の式を数値計算しないと解けないものが、工夫次第で解けることを学び、対流熱伝達問題に対して達成感を得るのが目的である。

－ 47 －

○第3章　熱流体数値計算の初歩

３－１　熱伝導数値シミュレーション

　式 (2.4) に熱伝導方程式があるが、簡単のために x, y 方向の２次元に次元を落とし、発熱項を０とした式を以下に示す。もし３次元で計算したいときは、本手法を拡張するだけである。

$$\frac{\partial T}{\partial t} = a \left(\frac{\partial^2 T}{\partial x^2} + \frac{\partial^2 T}{\partial y^2} \right) \quad \cdots\cdots\cdots\cdots\cdots\cdots\cdots\cdots\cdots\cdots\cdots \quad (3.1)$$

　２章で扱った半無限体の非定常熱伝導を扱いたいが、数値計算で半無限体にするわけにはいかないので、温度が T_0 に保たれる一端は有限の距離にあるものと問題を設定する。

　温度の高低、サイズの大小、物性値である温度伝播率 a の違いによって計算精度が変わることを避けるため、無次元温度 T^*、無次元長さ x^*、無次元時間 τ を以下のように決める。

$$T^* = \frac{T - T_0}{T_s - T_0}, \, x^* = \frac{x}{L}, \, y^* = \frac{y}{L}, \, t^* = \frac{t}{\tau}, \, \tau = \frac{L^2}{a} \quad \cdots\cdots\cdots\cdots \quad (3.2)$$

　L は代表長さ、T_s は表面温度（$x = 0$ における温度 T）、T_0 は時間 $t = 0$ における初期温度である。T_0 は定数であるから、微分すると０であるため、式 (3.1) 両辺微分の中に入れ込むことができる。

$$\frac{\partial (T - T_0)}{\partial t} = a \left(\frac{\partial^2 (T - T_0)}{\partial x^2} + \frac{\partial^2 (T - T_0)}{\partial y^2} \right)$$

　さらに両辺 $T_s - T_0$ で割ると以下のようになる。

－ 48 －

$$\frac{1}{(T_s - T_0)}\frac{\partial (T - T_0)}{\partial t} = \frac{a}{(T_s - T_0)}\left(\frac{\partial^2 (T - T_0)}{\partial x^2} + \frac{\partial^2 (T - T_0)}{\partial y^2}\right)$$

$$\frac{\partial \left(\dfrac{T - T_0}{T_s - T_0}\right)}{\partial t} = a\left(\frac{\partial^2 \left(\dfrac{T - T_0}{T_s - T_0}\right)}{\partial x^2} + \frac{\partial^2 \left(\dfrac{T - T_0}{T_s - T_0}\right)}{\partial y^2}\right) \tag{3.3}$$

$(T_s - T_0)$ は定数なので、微分の中にそのまま入れ込むことができる。次に無次元長さを入れることを考えるが、右辺は 2 回微分なので微分ごとに出てくる L を 2 回考慮する。

$$\frac{\partial T^*}{\partial t} = a\left(\frac{\partial^2 T^*}{\partial x^2} + \frac{\partial^2 T^*}{\partial y^2}\right)$$

$$\frac{\partial T^*}{\partial t} = \frac{1}{L^2}a\left(\frac{\partial^2 T^*}{\partial \left(\dfrac{x}{L}\right)^2} + \frac{\partial^2 T^*}{\partial \left(\dfrac{y}{L}\right)^2}\right)$$

$$\frac{\partial T^*}{\partial t} = \frac{a}{L^2}\left(\frac{\partial^2 T^*}{\partial x^{*2}} + \frac{\partial^2 T^*}{\partial y^{*2}}\right) \quad \cdots\cdots\cdots\cdots\cdots\cdots\cdots \tag{3.4}$$

最後に右辺の a/L^2 を左辺に移せば

$$\frac{L^2}{a}\frac{\partial T^*}{\partial t} = \left(\frac{\partial^2 T^*}{\partial x^{*2}} + \frac{\partial^2 T^*}{\partial y^{*2}}\right)$$

$$\frac{\partial T^*}{\partial \left(\dfrac{t}{\tau}\right)} = \left(\frac{\partial^2 T^*}{\partial x^{*2}} + \frac{\partial^2 T^*}{\partial y^{*2}}\right)$$

$$\frac{\partial T^*}{\partial t^*} = \left(\frac{\partial^2 T^*}{\partial x^{*2}} + \frac{\partial^2 T^*}{\partial y^{*2}}\right) \quad \cdots\cdots\cdots\cdots\cdots\cdots\cdots \tag{3.5}$$

○第3章　熱流体数値計算の初歩

となり、温度、長さ、時間のすべてを無次元数として方程式を書き直すことができた。数値計算結果を実値に戻すときは、T_sとT_0、考えた現象の代表長さL、材料の温度伝播率aを使って式（3.2）からそれぞれ温度T、位置x, y、時間tを求めればよい。

次に数値計算できるよう差分化に移る。

$$\frac{\partial T^*}{\partial t^*} = \lim_{\Delta t \to 0} \frac{T^*(t + \Delta t) - T^*(t)}{\Delta t^*} \quad \cdots\cdots\cdots\cdots\cdots\cdots\cdots\cdots\cdots\cdots (3.6)$$

だから、Δtをできるだけ小さくとれば、

$$\frac{\partial T^*}{\partial t^*} = \frac{T^*(t + \Delta t) - T^*(t)}{\Delta t^*} \quad \cdots\cdots\cdots\cdots\cdots\cdots\cdots\cdots\cdots\cdots (3.7)$$

と近似できる。次に右辺の2回微分について考える。差分化にも様々な方法があり、数値計算の教科書[3-1]に詳しい。ここでは以下のように考える。まず初めに関数$f(x)$についてテイラー展開の式を書き下す。

$$f(x + \Delta x) = f(x) + f'(x) \cdot \Delta x$$
$$+ \frac{1}{2} f''(x) \cdot (\Delta x)^2 + \frac{1}{6} f'''(x) \cdot (\Delta x)^3 + \frac{1}{24} f''''(x) \cdot (\Delta x)^4 + \cdots\cdots \quad (3.8)$$

$f(x + \Delta x)$は$f(x)$に何かを足せば求まるが、まずは傾きにΔxをかけたものを足せば求まるというのが右辺の第2項である。傾き$f'(x)$の定義が（fの増加量）/（xの増加量）なわけだから、極めて直感的で$f(x)$が直線であれば正しい解を与える。$f(x)$が2次関数であれば正解ではなく何かが足りないので、2回微分である$f''(x)$に$(\Delta x)^2$をかけて加える。ただし実際は足し過ぎなので2!で割った分だけ足すのが右辺第3項である。$f(x)$が2次曲線である場合は正しい値を与える。実際$f(x)$は任意の曲線なので、上記の作業を永遠に繰り返した式が式（3.8）となる。式（3.8）の中

— 50 —

に表れる $f''(x)$ を得ることが目的なので、テクニカルに以下の式を作る。

$$f(x-\Delta x) = f(x) - f'(x) \cdot \Delta x$$
$$+ \frac{1}{2} f''(x) \cdot (\Delta x)^2 - \frac{1}{6} f'''(x) \cdot (\Delta x)^3 + \frac{1}{24} f''''(x) \cdot (\Delta x)^4 + \cdots\cdots \quad (3.9)$$

式 (3.8) と式 (3.9) を両辺そのまま足し算すると以下の式が得られる。

$$f(x+\Delta x) + f(x-\Delta x) = 2f(x) + f''(x) \cdot (\Delta x)^2 + O(\Delta x)^4 \quad \cdots\cdots \quad (3.10)$$

右辺第 3 項の $O(\Delta x)^4$ は Δx の 4 乗程度のオーダーという意味である。今、Δx はできるだけ小さくとって、例えば $\Delta x = 0.01$ だとすれば $O(\Delta x)^4$ は $(0.01)^4 = 0.00000001$ ぐらいの値であり、非常に小さいので無視する。従って式 (3.10) より

$$f''(x) = \frac{f(x+\Delta x) + f(x-\Delta x) - 2f(x)}{(\Delta x)^2} \quad \cdots\cdots\cdots\cdots\cdots \quad (3.11)$$

が導かれる。y 方向についても同様とすると式 (3.5) の右辺は以下のように書ける。敢えて T^* に位置 (x^*, y^*) を明記する。

$$\frac{\partial^2 T^*\left(x^*, y^*\right)}{\partial x^{*2}} + \frac{\partial^2 T^*\left(x^*, y^*\right)}{\partial y^{*2}}$$

$$= \frac{T^*(x^*+\Delta x^*, y^*) + f(x^*-\Delta x^*, y^*) - 2f\left(x^*, y^*\right)}{\left(\Delta x^*\right)^2}$$

$$+ \frac{T^*(x^*, y^*+\Delta y^*) + T^*(x^*, y^*-\Delta y^*) - 2T\left(x^*, y^*\right)}{\left(\Delta y^*\right)^2}$$

$$= \frac{T^*(x^*+\Delta x^*, y^*) + T^*(x^*-\Delta x^*, y^*) + T^*(x^*, y^*+\Delta y^*) + T^*(x^*, y^*-\Delta y^*) - 4T\left(x^*, y^*\right)}{\left(\Delta^*\right)^2}$$

$$\cdots (3.12)$$

式の展開中、簡単のため $\Delta x^* = \Delta y^* = \Delta^*$ とした。式 (3.5) の右辺が式 (3.12) であるから、式 (3.12) の正負が位置 (x, y) における無次元温度 T^* の増減を決めることになる。式 (3.12) に表れる点を図 3-1 に示す。点 (x^*, y^*) における T^* の 2 回微分の値は、少しだけ離れた周り東西南北の 4 点の T^* の値で決まることがわかる。さらに具体的には、周りの点を全部加えた後、着目している (x^*, y^*) における T^* を 4 回引いている。もし $T^*(x^*, y^*)$ が周辺の T^* より高ければ、値は負となり、Δt 後の T^* は下がる。その反対に $T^*(x^*, y^*)$ が周辺の T^* より低ければ、式 (3.12) の値は正となり、式 (3.15) の時間微分は正になるわけだから、Δt 後の T^* は上がる。そして最後には $T^*(x^*, y^*)$ は周辺との平均温度にまで達することがわかる。境界条件によって、最終的な温度分布（定常状態における温度分布）が決まるが、もし四方の境界条件が常に T_0 という条件であれば、初期状態がどうであれ、全領域が T_0 に向かって均一になるまで温度が変化していく。2 章で述べたように温度伝播率 a を拡散係数 D にして、T^* から濃度 c^* にすれば、水の中でインクが拡散する様子を全く同じ式で計算できるが、コップの中にインクを落とせば、いずれはインクが均

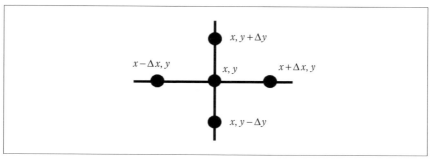

〔図 3-1〕座標の位置関係

一に拡がるであろうことが予想できるだろう。式 (3.5) はその物理を表現している。

○ 第3章　熱流体数値計算の初歩

３－２　陽解法、陰解法

　微分方程式を差分化したので、数値計算で解ける状況になっている。改めて式（3.5）を式（3.7）と式（3.12）によって書き直す。(x^*, y^*) を簡単のため、下付き文字 i, j で表現し、$x^* + \Delta x^*$ を $i+1$, $y^* + \Delta y^*$ を $j+1$ とする。

$$\frac{T^*_{i,j}(t + \Delta t) - T^*_{i,j}(t)}{\Delta t^*} = \frac{T^*_{i+1,j} + T^*_{i-1,j} + T^*_{i,j-1} + T^*_{i,j+1} - 4T^*_{i,j}}{\left(\Delta^*\right)^2} \quad \cdots (3.13)$$

　式（3.13）の右辺は敢えて時間 t の表示を抜いた。もし右辺の値にすべて時間 t の値を使えば、すべて既知の値となるため、$T^*_{i,j}(t + \Delta t)$ は以下のように容易に計算できる。

$$T^*_{i,j}(t^* + \Delta t^*) = T^*_{i,j}(t^*)$$
$$+ \frac{\Delta t^*}{\left(\Delta^*\right)^2}\left(T^*_{i+1,j}(t^*) + T^*_{i-1,j}(t^*) + T^*_{i,j-1}(t^*) + T^*_{i,j+1}(t^*) - 4T^*_{i,j}(t^*)\right)$$
$$\cdots (3.14)$$

　2 次元の計算は、1 次元の計算を拡張するだけなので、参考のために以下に式（3.14）を解くための C 言語で記述したコードを記載する。

```
/*******************************

熱伝導　陽解法

********************************/

#include <stdio.h>

#define IMAX    101              /* x方向の計算領域 */
#define TMAX    10000            /* 計算終了時間設定*/
#define dt      0.000001         /* 時間刻み */
#define dx      0.01             /* x方向の格子間隔刻み */
```

－ 54 －

```c
void main (void){
        FILE *fp;                           /*ファイルのため*/
        int i,t;                            /* 時間と温度の更新のための整数 */
        double time,T[IMAX],Tnew[IMAX]; /* 無次元時間と新旧無次元温度 */

        if((fp=fopen("result.dat","w"))==NULL){ /*保存用ファイルを開く*/
                printf("Can not creat file.\n");
                exit (-1);
        }
        /* 境界条件 */
        T[0]=1;Tnew[0]=1;T[IMAX-1]=0;Tnew[IMAX-1]=0;      /*  両境界とも
等温条件 */
        /* 初期条件 */
        for (i=1;i<IMAX;i++){     /* 最初は無次元温度0*/
                T[i]=0;
        }
        time=0; /* 無次元時間の初期化*/
        for (t=0;t<TMAX;t++){     /* 設定した時間まで計算 */
        time=time+dt;    /* 時間を更新*/
                for (i=1;i<IMAX-1;i++){ /*境界以外を陽解法の式で計算 */
                        Tnew[i]=T[i]+dt/dx/dx*(T[i+1]+T[i-1]-2*T[i]);
                }
                for (i=0;i<IMAX;i++){    /* 得られた温度を古い温度とし
て置き換え*/
```

○第3章 熱流体数値計算の初歩

```
                    T[i]=Tnew[i];
            }
    }
    for (i=0;i<IMAX;i++){
            fprintf (fp,"%lf,%d,%lf\n",time,i,T[i]);          /*  計
算結果を保存 */
    }
    fclose (fp) ;
    printf ("FINISH!\n");
}
```

　プログラムでは、初期条件として全面で均一温度 T_0（無次元温度 $T^*=0$）。境界条件として $x=0$ を T_s（無次元温度 $T^*=1$）に加熱、$x=L$（$x^*=1$）となる他端を T_0 と設定している。最終的には両端が直線で結ばれる定常状態まで計算される。ここでは時間ステップ Δt^* を 0.000001 としている。上記の計算を実施してみればわかるが、早く定常状態を得たいと考えてむやみに Δt^* を大きくとると計算が発散する。式 (3.14) をよく見ると、$T^*_{i,j}(t^*)$ の等比級数の和のような形が $T^*_{i,j}(t^*+\Delta t^*)$ となっている。従って、その比 $4\Delta t^*/(\Delta^*)^2$ が 1 以下でなければならないこともわかる。もともと Δ^* を小さくしなければならないため、かなり Δt は小さくしなければならず、定常状態を得るにはかなりの繰り返し計算が必要である。改めて、$\Delta t^*/(\Delta^*)^2$ を元の値に戻してみると、

$$4\frac{\Delta t^*}{\left(\Delta^*\right)^2}=\frac{\Delta t\times\dfrac{a}{L^2}}{\left(\dfrac{\Delta}{L}\right)^2}=\frac{4a\Delta t}{\Delta^2} \quad\cdots\cdots\cdots\cdots\cdots\cdots\cdots\cdots\cdots\cdots\cdots\cdots (3.15)$$

－ 56 －

となっており、式 (3.15) の分子は Δt 間での温度浸透深さの 2 乗になっている。つまり大きな Δt を取ってしまうと本来伝わらないはずの距離まで温度変化の情報が伝わってしまう人工的な計算を行ってしまい、物理現象を破っていることが計算が発散する理由となっている。式 (3.15) は熱伝導計算におけるクーラン数になっており、一般的にも陽解法の計算においてクーラン数を 1 以下にしなければならないことはよく知られている。

次にタイムステップ Δt を大きくすることを考え、陰解法に取り組む。式 (3.13) から式 (3.14) へ進む際に右辺を時間 t^* の値を使ったことが Δt^* を大きくできない原因であるから、時間 $t^*+\Delta t^*$ の値を使うこととする。数値計算では既に 1 次元としているので x 方向の 1 次元のみで書き下す。

$$T_i^*(t^*+\Delta t^*) = T_i^*(t^*)$$
$$+\frac{\Delta t^*}{\left(\Delta^*\right)^2}\left(T_{i+1}^*(t^*+\Delta t^*) + T_{i-1}^*(t^*+\Delta t^*) - 2T_i^*(t^*+\Delta t^*)\right) \quad \cdots \cdots \text{(3.16)}$$

式 (3.16) は単純には解けないが、以下のように書き直して最終的に行列にまとめ、逆行列を掛ける形にすると解ける。

$$-\frac{\Delta t^*}{\left(\Delta^*\right)^2} T_{i-1}^*(t^* +\Delta t^*)$$
$$+\left(1-\frac{2\Delta t^*}{\left(\Delta^*\right)^2}\right) T_i^*(t^*+\Delta t^*) - \frac{\Delta t^*}{\left(\Delta^*\right)^2} T_{i+1}^*(t^*+\Delta t^*) = T_i^*(t^*) \quad \text{(3.17)}$$

$i=0$ と $i=n$ の両端は後に境界条件として扱うので特殊として、A_i, B_i, C_i, D_i を使って書き直す。

○第3章　熱流体数値計算の初歩

$$A_i T^{*}_{i-1}\left(t^{*}+\Delta t^{*}\right)+B_i T^{*}_{i}\left(t^{*}+\Delta t^{*}\right)+C_i T^{*}_{i+1}\left(t^{*}+\Delta t^{*}\right)=D_i \quad (3.18)$$

上式では、それぞれ A_i, B_i, C_i, D_i は式（3.17）と見比べると以下である。

$$A_i = C_i = -\frac{\Delta t^{*}}{\left(\Delta^{*}\right)^{2}}, B_i = 1-\frac{2\Delta t^{*}}{\left(\Delta^{*}\right)^{2}}, D_i = T_i\left(t^{*}\right) \quad \cdots\cdots\cdots\cdots\cdots (3.19)$$

改めて式（3.18）は以下のように行列で表現できる。

$$\begin{pmatrix} B_0 & C_0 & & & & 0 \\ A_1 & B_1 & C_1 & & & \\ & A_2 & B_2 & C_2 & & \\ & & \vdots & & & \\ & & A_{n-1} & B_{n-1} & C_{n-1} \\ 0 & & & A_n & B_n \end{pmatrix} \begin{pmatrix} T^{*}_0\left(t^{*}+\Delta t^{*}\right) \\ T^{*}_1\left(t^{*}+\Delta t^{*}\right) \\ T^{*}_2\left(t^{*}+\Delta t^{*}\right) \\ \vdots \\ T^{*}_{n-1}\left(t^{*}+\Delta t^{*}\right) \\ T^{*}_n\left(t^{*}+\Delta t^{*}\right) \end{pmatrix} = \begin{pmatrix} D_0 \\ D_1 \\ D_2 \\ \vdots \\ D_{n-1} \\ D_n \end{pmatrix} \quad (3.20)$$

　右辺 D_i はすべて時間 t^{*} における温度であるから、すべて既知である。式（3.19）に示した通り、行列内はすべて既知であるから数値解析的に逆行列を求めることは容易である。ちなみに A_i, B_i, C_i から構成される左辺の行列式は対角上に3つ常に値をもつ行列であることから3重対角行列（TDMA）と呼ばれる特殊な行列で、下半分の3角要素をもつL行列と上半分に3角要素を持つU行列に分解して解くLU分解などの解法があり数値解析の教科書に詳しい[3-2]。近年は逆行列を解くフリーのモジュールも多数アップロードされているので、それらを利用する手もある。

　ここでは次の手法を利用して解く。記述を簡単にするため、以降 t^{*} は省略する。始めに、温度 T^{*} が次のように書けると仮定する。

－ 58 －

$$T_{i-1}^* + P_{i-1}T_i^* = Q_{i-1} \quad\cdots\cdots\cdots\cdots\cdots\cdots\cdots\cdots\cdots\cdots\cdots\cdots\cdots\cdots \quad (3.21)$$

式 (3.21) から T_{i-1}^* を得て、式 (3.18) に代入すると次の式が得られる。

$$A_i\left(Q_{i-1} - P_{i-1}T_i^*\right) + B_i T^*_i\left(t^* + \Delta t^*\right) + C_i T^*_{i+1}\left(t^* + \Delta t^*\right) = D_i$$
$$(B_i - A_i P_{i-1})T_i^* + C_i T_{i+1}^* = D_i - A_i Q_{i-1} \quad\quad\quad (3.22)$$

両辺を $(B_i - A_i P_{i-1})$ で割ると、P_i, Q_i が以下のように書ける。

$$P_i = \frac{C_i}{B_i - A_i P_{i-1}}, \quad Q_i = \frac{D_i - A_i Q_{i-1}}{B_i - A_i P_{i-1}} \quad\cdots\cdots\cdots\cdots\cdots\cdots \quad (3.23)$$

式 (3.23) を見ると、P_{i-1} と Q_{i-1} が計算されていれば、P_i, Q_i が求まる。始めに P_0, Q_0 を境界条件から得る。

$$T_0^* + P_0 T_1^* = Q_0 \quad\cdots\cdots\cdots\cdots\cdots\cdots\cdots\cdots\cdots\cdots\cdots\cdots\cdots\cdots\cdots \quad (3.24)$$

ここで T_0^* と T_1^* の関係を境界条件から考えないといけないが、図 3-2 に示すように考えている位置と計算格子を半分だけずらすスタッガード

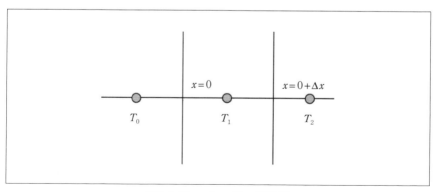

〔図 3-2〕スタッガード格子

○第3章 熱流体数値計算の初歩

格子を採用すると計算精度が上がり、安定性も優れている[3-2]ことが知られている。陽解法と同じ問題を対象とすると、$x=0$ における温度 $T=T_s$ であるから、$x^*=0$ で $T^*=1$ である。しかし T_0^* と T_1^* は、$x^*=0$ から半分ずつ位置がずれているので、その平均値 $(T_0^*+T_1^*)/2=1$ と考えるのが妥当である。したがって平均値の関係と式 (3.24) を見比べれば、

$$P_0=1, Q_0=2 \quad \cdots\cdots\cdots\cdots\cdots\cdots\cdots\cdots\cdots\cdots\cdots\cdots\cdots\cdots \quad (3.25)$$

となる。A_i, B_i, C_i, D_i は既に既知であるので、式 (3.23) を用いて、すべての P_i と Q_i が求まる。条件に使っていない、もう一方の端の境界条件 T_n^* は 0 であることから、T_{n-1}^* は式 (3.21) より求めることができる。順次、$T_{n-2}^*, T_{n-3}^*, T_{n-4}^* \cdot\cdot\cdot, T_2^*, T_1^*$ と計算すれば、すべての点で Δt^* 秒後の計算を終えたことになる。具体的な計算コードについては、参考として以下に記す。

```
/********************************

熱伝導　陰解法

*********************************/
#include <stdio.h>
#define IMAX    101          /* x方向の計算領域 */
#define TMAX    50           /* 計算終了時間 */
#define dt      0.01         /* 時間刻み */
#define dx      0.01         /* x方向の格子間隔 */


void main (void){
        FILE *fp;            /*ファイルのため*/
```

– 60 –

```c
    int i,t;
    double time,T[IMAX],Tnew[IMAX]; /* T[100]  */
    double A[IMAX],B[IMAX],C[IMAX],D[IMAX]; /* TDMAの変数 */
    double P[IMAX],Q[IMAX];             /* 逆行列用 */

    if ( (fp=fopen ("result.dat","w") ) ==NULL) {
            printf ("Can not creat file.\n") ;
            exit (-1) ;
    }
    /* 境界条件 */
    T[0]=1;Tnew[0]=1;T[IMAX-1]=0;Tnew[IMAX-1]=0;
    P[0]=1;
    Q[0]=2;
    /* 初期条件*/
    for (i=1;i<IMAX-1;i++) {
            T[i]=0;
    }
    /* TDMA */
    for (i=1;i<IMAX-1;i++) {
            A[i]=-dt/dx/dx;
            B[i]= (1+2*dt/dx/dx) ;
            C[i]=-dt/dx/dx;
            D[i]=0;
    }
```

○第３章　熱流体数値計算の初歩

```
time=0;

for(t=0;t<TMAX;t++){

time=time+dt;

        for (i=1;i<IMAX-1;i++) {      /*TDMAを解く*/

                P[i]=C[i]/ (B[i]-A[i]*P[i-1]) ;

                Q[i]=(D[i]-A[i]*Q[i-1])/(B[i]-A[i]*P[i-1]);

        }

        for (i=IMAX-1;i>1;i--) {      /*温度を得る*/

                Tnew[i-1]=Q[i-1]-P[i-1]*Tnew[i];

        }

        for (i=0;i<IMAX;i++){        /*値の更新*/

                //fprintf(fp,"%lf,%d,%lf\n",time,i,Tnew[i]);

                T[i]=Tnew[i];

                D[i]=Tnew[i];


}

for (i=0;i<IMAX;i++) {

        fprintf (fp,"%lf,%d,%lf\n",time,i,Tnew[i]) ;

}

fclose (fp) ;

printf ("FINISH!\n") ;

}
```

－ 62 －

陽解法では計算が発散するため、$\Delta t^* = 10^{-6}$ としていたが、陰解法では大幅に大きくして $\Delta t^* = 10^{-2}$ でも計算が発散せず進行する。図3-3に計算結果を示す。定常状態までの計算も陽解法では500,000 stepの時間更新が必要だったが、陰解法ではたったの50回で両端を直線で結ぶ定常状態に至っている。

最後に定常状態の温度分布だけが欲しい場合、MS-Excel を使って簡

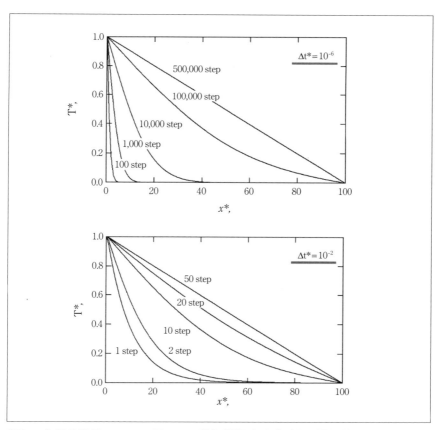

〔図3-3〕数値計算によって得られた熱伝導温度分布（上：陽解法，下：陰解法）

○第3章　熱流体数値計算の初歩

単に求めることもできる。定常状態では、式 (3.13) の左辺の時間微分は 0 になるから

$$0 = \frac{T^*_{i+1,j} + T^*_{i-1,j} + T^*_{i,j-1} + T^*_{i,j+1} - 4T^*_{i,j}}{\left(\Delta^*\right)^2} \qquad \cdots\cdots\cdots\cdots (3.26)$$

となり、$T_{i,j}$ は周り 4 点の平均になることは前述したとおりである。

$$T^*_{i+1,j} + T^*_{i-1,j} + T^*_{i,j-1} + T^*_{i,j+1} - 4T^*_{i,j} = 0$$

$$T^*_{i,j} = \frac{T^*_{i+1,j} + T^*_{i-1,j} + T^*_{i,j-1} + T^*_{i,j+1}}{4} \qquad \cdots\cdots\cdots\cdots\cdots \qquad (3.27)$$

　図3-4 に計算結果を示す。計算対象を L 字形状とし、右上側を $T^*=1$、左下側を $T^*=0$ の境界条件とした。例えばセル D5 の式は、=(E5+D6+E7+F6)/4 と入力されており、他セルもすべて東西南北の周辺 4 点の平均値を計算するよう入力している。セル表示を「条件付き書式」さらに「カラースケール」を選択すると、計算結果をカラーで表示することもでき、見た目に温度分布がわかって便利である。

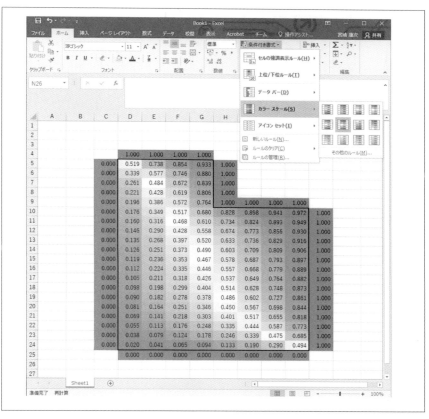

〔図 3-4〕MS-Excel による定常熱伝導計算結果

○第3章 熱流体数値計算の初歩

3−3　壁面近傍における層流の強制対流熱伝達計算

　前章において、壁面近傍における層流の強制対流熱伝達について少し触れた。本来壁面から流体に流れる熱流束 q は、図2-8（図3-5に再掲）に示したような速度分布を求め、その速度を用いて温度分布を求めた後、壁面 $y=0$ における温度勾配 $(dT/dy)_{y=0}$ から熱流束 $q = -\lambda(dT/dy)_{y=0}$ として得る。解析でもプロフィル法と言って速度 u を y の3次式で近似することで求めることはできる[2-3]が、数値計算して求めることも可能である。商用ソフトのようにダイレクトに式（2.13）と式（2.14）を求めることも選択肢の一つであるが、左辺にある非線形な項をうまく扱いながら発散させずに計算するには特殊なテクニックが必要となり、初めから自作するにはやや高度すぎるので、本書では解析を半分進めることで数値計算を簡単化する。ダイレクトに解く手法について興味のある読者は、数値解析の教科書[3-3]を参考にするとよい。

　始めに式（2.13）と式（2.14）に対して境界層近似を行う。3次元の式を2次元とし、定常状態を扱う。エネルギー保存式は以下のようになり

$$u\frac{\partial T}{\partial x} + v\frac{\partial T}{\partial y} = a\left(\frac{\partial^2 T}{\partial x^2} + \frac{\partial^2 T}{\partial y^2}\right) \quad \cdots\cdots\cdots\cdots\cdots\cdots\cdots (3.28)$$

運動量保存の式は以下となる。

$$u\frac{\partial u}{\partial x} + v\frac{\partial u}{\partial y} = -\frac{1}{\rho}\frac{\partial p}{\partial x} + \nu\left(\frac{\partial^2 u}{\partial x^2} + \frac{\partial^2 u}{\partial y^2}\right)$$
$$u\frac{\partial v}{\partial x} + v\frac{\partial v}{\partial y} = -\frac{1}{\rho}\frac{\partial p}{\partial y} + \nu\left(\frac{\partial^2 v}{\partial x^2} + \frac{\partial^2 v}{\partial y^2}\right) \quad \cdots\cdots\cdots\cdots\cdots (3.29)$$

流体の質量保存式である連続の式

－ 66 －

$$\frac{\partial u}{\partial x}+\frac{\partial v}{\partial y}=0 \quad \cdots\cdots\cdots\cdots\cdots\cdots\cdots\cdots\cdots\cdots\cdots \quad (3.30)$$

を使って、現象のオーダーを見積もる。x 方向の速度 U と y 方向の速度 v の関係は境界層厚さ δ 内で式 (3.30) より以下のようになる。

$$\frac{U}{x}+\frac{v}{\delta}=0, v=-U\left(\frac{\delta}{x}\right) \quad \cdots\cdots\cdots\cdots\cdots\cdots\cdots\cdots \quad (3.31)$$

　境界層 δ は非常に薄いので $(\delta/x \ll 0)$、式 (3.31) より $U \gg v$ となり、y 方向の速度は非常に小さい。従って平板に沿う流れでは y 方向の速度は考えなくてよいことがわかる。2 階微分のオーダーについても

$$\frac{\partial^2 u}{\partial x^2} \fallingdotseq \frac{U}{x^2}, \frac{\partial^2 u}{\partial y^2} \fallingdotseq \frac{U}{\delta^2}, \frac{\partial^2 T}{\partial x^2} \fallingdotseq \frac{T}{x^2}, \frac{\partial^2 T}{\partial y^2} \fallingdotseq \frac{T}{\delta^2} \quad \cdots\cdots\cdots\cdots \quad (3.32)$$

であることから、x 方向の 2 階微分より y 方向の 2 階微分のほうが圧倒的に大きい。これらを考慮して式 (3.28) と式 (3.29) を書き直したものが境界層近似である。

$$u\frac{\partial u}{\partial x}+v\frac{\partial u}{\partial y}=-\frac{1}{\rho}\frac{\partial p}{\partial x}+\nu\frac{\partial^2 u}{\partial y^2} \quad \cdots\cdots\cdots\cdots\cdots\cdots\cdots \quad (3.33)$$

$$u\frac{\partial T}{\partial x}+v\frac{\partial T}{\partial y}=a\frac{\partial^2 T}{\partial y^2} \quad \cdots\cdots\cdots\cdots\cdots\cdots\cdots\cdots\cdots \quad (3.34)$$

　式 (3.33) で圧力勾配の項があるが、流れ方向に対して加速するような流れではないので、$\partial p/\partial x = 0$ とする。連続の式を加え、

$$\frac{\partial u}{\partial x}+\frac{\partial v}{\partial y}=0 \quad \cdots\cdots\cdots\cdots\cdots\cdots\cdots\cdots\cdots\cdots\cdots \quad (3.35)$$

$$u\frac{\partial u}{\partial x}+v\frac{\partial u}{\partial y}=\nu\frac{\partial^2 u}{\partial y^2} \quad \cdots\cdots\cdots\cdots\cdots\cdots\cdots\cdots\cdots \quad (3.36)$$

－ 67 －

$$u\frac{\partial T}{\partial x}+v\frac{\partial T}{\partial y}=a\frac{\partial^2 T}{\partial y^2} \quad\cdots\cdots\cdots\cdots\cdots\cdots\cdots\cdots\cdots\cdots (3.37)$$

の3式を解けばよい。様々な近似でかなり式が簡略化された。

平板の先端（$x=0$）では境界層厚さ δ が0であり、下流になるにつれて、その厚さは厚くなる（図3-5）。壁面 $y=0$ では壁面と流体の間に働く摩擦力のため、流体の速度 $u=0$ が境界条件として与えられる。その運動量が0である情報は時間 t で $\sqrt{\nu t}$ の距離だけ壁から y 方向に向かって伝わる。それは温度浸透深さに相当する運動量拡散の距離である。U_∞ の速度をもつ流れが位置 x に到達するには $t=x/U_\infty$ かかる。従って境界層厚さ δ はおおよそ次のように書ける。

$$\delta=\sqrt{\nu t}\fallingdotseq\sqrt{\frac{\nu x}{U_\infty}} \quad\cdots\cdots\cdots\cdots\cdots\cdots\cdots\cdots\cdots\cdots (3.38)$$

境界層内の x 方向の速度 u は主流速度 U_∞ との比をとれば、どの位置 x でも相似になると仮定して、境界層厚さ δ と位置 y の比を変数として以下のように表現する。

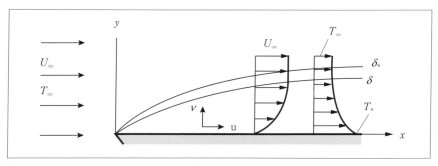

〔図3-5〕平板に沿う層流と熱伝達。速度が U_∞ になるまでの厚さ δ より壁側が境界層。

$$\frac{u}{U_\infty} = g\left(\frac{y}{\delta}\right) = g(\eta) \quad \cdots\cdots\cdots\cdots\cdots\cdots\cdots\cdots\cdots\cdots \quad (3.39)$$

式（3.36）が複数の変数からなる偏微分方程式になっていて扱いにくいので、流れ関数 ϕ を使って常微分方程式に書き換える。流れ関数については流体力学の教科書 [3-4] に詳しいが、ここでは以下の関係があると理解する。

$$u = \frac{\partial \phi}{\partial y}, v = -\frac{\partial \phi}{\partial x} \quad \cdots\cdots\cdots\cdots\cdots\cdots\cdots\cdots\cdots \quad (3.40)$$

式（3.40）より

$$\phi = \int u\, dy = \int U_\infty g(\eta)\, dy + c(x)$$

$$= \int U_\infty g(\eta) \sqrt{\frac{\nu x}{U_\infty}}\, d\eta + c(x) = \sqrt{\nu U_\infty x}\, f(\eta) + c(x) \quad \cdots\cdots \quad (3.41)$$

ここで $f(\eta) = \int g(\eta) d\eta$ である。$c(x)$ は積分定数であるが、後に境界条件から 0 とわかる。さらに式（3.40）から速度 v は式（3.41）を積の微分を使って、

$$v = -\frac{\partial \phi}{\partial x} = -\left(\frac{1}{2}\sqrt{\frac{\nu U_\infty}{x}}\, f(\eta) + \sqrt{\nu U_\infty x}\, \frac{\partial f(\eta)}{\partial x}\right) + c'(x) \quad \cdots \quad (3.42)$$

と書ける。$y=0$ で $v=0$ であることから、$c'(x)=0$ であり、$c(x)$ も 0 となる。再び、式（3.40）に式（3.41）を代入すると

〇第3章 熱流体数値計算の初歩

$$u = \frac{\partial \phi}{\partial y} = \frac{\partial \phi}{\partial \eta} \cdot \frac{\partial \eta}{\partial y}$$

$$= \frac{\partial}{\partial \eta}\left(\sqrt{\nu U_\infty x}\, f(\eta)\right) \cdot \frac{1}{\sqrt{\dfrac{\nu x}{U_\infty}}} = \sqrt{\nu U_\infty x}\, f'(\eta) \cdot \frac{1}{\sqrt{\dfrac{\nu x}{U_\infty}}} = U_\infty f'(\eta) \quad \cdots (3.43)$$

式 (3.42) の $\partial f(\eta)/\partial x$ は以下のように整理できる。

$$\frac{\partial f(\eta)}{\partial x} = \frac{\partial f(\eta)}{\partial \eta} \cdot \frac{\partial \eta}{\partial x} = f'(\eta) \cdot \left(-\frac{1}{2}\right)\frac{y}{x\sqrt{\dfrac{\nu x}{U_\infty}}} = f'(\eta) \cdot \left(-\frac{1}{2}\right)\frac{\eta}{x} \quad \cdots (3.44)$$

式 (3.44) を式 (3.42) に代入して

$$v = \frac{1}{2}\sqrt{\frac{\nu U_\infty}{x}}\left(f'(\eta) \cdot \eta - f(\eta)\right) \quad \cdots\cdots\cdots\cdots\cdots\cdots\cdots (3.45)$$

式 (3.36) にある項を関数 f で表すため、以下の項も計算する。

$$\frac{\partial u}{\partial x} = \frac{\partial u}{\partial \eta} \cdot \frac{\partial \eta}{\partial x} = U_\infty f''(\eta) \cdot \left(-\frac{1}{2}\frac{\eta}{x}\right) = -U_\infty f''(\eta) \cdot \frac{\eta}{2x}$$

$$\frac{\partial u}{\partial y} = \frac{\partial u}{\partial \eta} \cdot \frac{\partial \eta}{\partial y} = U_\infty f''(\eta) \cdot \frac{1}{\sqrt{\dfrac{\nu x}{U_\infty}}} = U_\infty f''(\eta) \cdot \sqrt{\frac{U_\infty}{\nu x}}$$

$$\frac{\partial^2 u}{\partial y^2} = \frac{\partial}{\partial y}\left(\frac{\partial u}{\partial y}\right)$$

$$= \frac{\partial}{\partial \eta}\left(U_\infty f''(\eta) \cdot \sqrt{\frac{U_\infty}{\nu x}}\right) \cdot \frac{\partial \eta}{\partial y} = U_\infty f'''(\eta) \cdot \sqrt{\frac{U_\infty}{\nu x}} \cdot \frac{1}{\sqrt{\dfrac{\nu x}{U_\infty}}} = \frac{U_\infty^2}{\nu x} f'''(\eta)$$

これらを式 (3.36) に代入すると

－ 70 －

$$u\frac{\partial u}{\partial x}+v\frac{\partial u}{\partial y}=\nu\frac{\partial^2 u}{\partial y^2}$$

$$U_\infty f'(\eta)\left(-U_\infty f''(\eta)\cdot\frac{\eta}{2x}\right)$$

$$+\frac{1}{2}\sqrt{\frac{\nu U_\infty}{x}}\left(f'(\eta)\cdot\eta-f(\eta)\right)\cdot\left(U_\infty f''(\eta)\cdot\sqrt{\frac{U_\infty}{\nu x}}\right)=\nu\cdot\frac{U_\infty^2}{\nu x}f'''(\eta)$$

$$\cdots(3.46)$$

式 (3.46) を注意深く展開して整理すると

$$2f'''(\eta)+f(\eta)f''(\eta)=0 \quad\cdots\cdots\cdots\cdots\cdots\cdots\cdots\cdots\cdots (3.47)$$

が得られ、ブラジウスの解と呼ばれている。式 (3.43) より $f'(\eta)$ が速度分布 u/U_∞ となる。境界条件は、$y=0$ すなわち $\eta=0$ で速度 0 であるから $f'=0$、$y=0$ で $v=0$ であるから $f=0$、$\eta=\infty$ で主流速度 $u=U_\infty$ であるから、$f'=1$ となる。

次に温度分布を求めるため、エネルギー保存の式 (3.37) についても f と η を使って書き直す。

$$\frac{\partial T}{\partial x}=\frac{\partial T}{\partial \eta}\cdot\frac{\partial \eta}{\partial x}=\frac{\partial T}{\partial \eta}\cdot\left(-\frac{1}{2}\frac{\eta}{x}\right)$$

$$\frac{\partial T}{\partial y}=\frac{\partial T}{\partial \eta}\cdot\frac{\partial \eta}{\partial y}=\frac{\partial T}{\partial \eta}\cdot\frac{1}{\sqrt{\dfrac{\nu x}{U_\infty}}}=\frac{\partial T}{\partial \eta}\sqrt{\frac{U_\infty}{\nu x}}$$

$$\frac{\partial^2 T}{\partial y^2}=\frac{\partial}{\partial y}\left(\frac{\partial T}{\partial y}\right)=\frac{\partial}{\partial \eta}\left(\frac{\partial T}{\partial \eta}\cdot\sqrt{\frac{U_\infty}{\nu x}}\right)\cdot\frac{\partial \eta}{\partial y}=\sqrt{\frac{U_\infty}{\nu x}}\cdot\frac{\partial^2 T}{\partial \eta^2}\cdot\sqrt{\frac{U_\infty}{\nu x}}=\frac{U_\infty}{\nu x}\frac{\partial^2 T}{\partial \eta^2}$$

であるから、

○第3章　熱流体数値計算の初歩

$$u\frac{\partial T}{\partial x}+v\frac{\partial T}{\partial y}=a\frac{\partial^2 T}{\partial y^2}$$

$$U_\infty f'(\eta)\cdot\frac{\partial T}{\partial \eta}\cdot\left(-\frac{1}{2}\frac{\eta}{x}\right)$$

$$+\frac{1}{2}\sqrt{\frac{\nu U_\infty}{x}}\left(f'(\eta)\cdot\eta-f(\eta)\right)\cdot\frac{\partial T}{\partial \eta}\cdot\sqrt{\frac{U_\infty}{\nu x}}=a\frac{U_\infty}{\nu x}\frac{\partial^2 T}{\partial \eta^2}\quad\cdots(3.48)$$

式 (3.47) を先ほどと同様、丁寧に計算すると

$$\frac{\partial^2 T}{\partial \eta^2}+\frac{\mathrm{Pr}}{2}f(\eta)\frac{\partial T}{\partial \eta}\quad\cdots\cdots\cdots\cdots\cdots\cdots\cdots\cdots\cdots\cdots\cdots(3.49)$$

が得られる。ここで Pr はプラントル数であり、$\mathrm{Pr}=\nu/a$ である。

　熱伝導数値計算の時と同様、最高温度と最低温度を使って、温度 T を無次元化して $T^*(=(T_s-T)/(T_s-T_\infty))$ とすると、式 (3.48) は以下のように書き直せる。

$$\frac{\partial^2 T^*}{\partial \eta^2}+\frac{\mathrm{Pr}}{2}f(\eta)\frac{\partial T^*}{\partial \eta}\quad\cdots\cdots\cdots\cdots\cdots\cdots\cdots\cdots\cdots\cdots(3.50)$$

$y=0$ で $T=T_s$、$y=\infty$ で $T=T_\infty$ であるから、T^* の境界条件は $\eta=0$ で $T^*=0$、$\eta=\infty$ で $T^*=1$ となる。式 (3.49) は $h(\eta)=\partial T^*/\partial \eta$ とおいて計算を進めると

$$h'(\eta)+\frac{\mathrm{Pr}}{2}f(\eta)h(\eta)=0$$
$$h'(\eta)=-\frac{\mathrm{Pr}}{2}f(\eta)h(\eta)$$

従って

－ 72 －

$$h(\eta) = A\exp\left(-\frac{\mathrm{Pr}}{2}\int_0^\eta f(\eta)\,d\eta\right)$$

$$\frac{dT^*}{d\eta} = A\exp\left(-\frac{\mathrm{Pr}}{2}\int_0^\eta f(\eta)\,d\eta\right) \quad\cdots\cdots\cdots\cdots\cdots\cdots (3.51)$$

$$T^* = A\int_0^\eta \exp\left(-\frac{\mathrm{Pr}}{2}\int_0^\eta f(\eta)\,d\eta\right)d\eta + B \quad\cdots\cdots\cdots\cdots (3.52)$$

未定定数 A, B は境界条件より決定でき、$\eta = 0$ で $T^* = 0$ より $B = 0$、$\eta = \infty$ で $T^* = 1$ であるから

$$T^* = \frac{\displaystyle\int_0^\eta \exp\left(-\frac{\mathrm{Pr}}{2}\int_0^\eta f(\eta)\,d\eta\right)d\eta}{\displaystyle\int_0^\infty \exp\left(-\frac{\mathrm{Pr}}{2}\int_0^\eta f(\eta)\,d\eta\right)d\eta} \quad\cdots\cdots\cdots\cdots\cdots\cdots (3.53)$$

となり、温度分布まで求められることになった。式 (3.53) はポールハウゼンの解と呼ばれている。まずは式 (3.47) を数値解析で解く必要がある。いろいろな方法で解かれているが、本書では次の方法でアプローチする。

まず $f'' = P$ と置くと式 (3.47) は

$$2\frac{dP}{d\eta} + Pf = 0$$

$$2\frac{dP}{P} + f\,d\eta = 0 \quad\cdots\cdots\cdots\cdots\cdots\cdots\cdots\cdots\cdots\cdots (3.54)$$

式 (3.54) を両辺積分して、さらに計算を進めると

○第3章　熱流体数値計算の初歩

$$2\ln P + \int_0^\eta f d\eta = 0$$

$$\ln P^2 = -\int_0^\eta f d\eta$$

$$P = \sqrt{c_1 \exp\left(-\int_0^\eta f d\eta\right)} \quad \cdots\cdots\cdots\cdots\cdots\cdots\cdots\cdots (3.55)$$

さらに P を元の記述に戻して

$$\frac{df'}{d\eta} = \sqrt{c_1 \exp\left(-\int_0^\eta f d\eta\right)}$$

$$f' = \int_0^\eta \sqrt{c_1 \exp\left(-\int_0^\eta f d\eta\right)} d\eta + c_2 \quad \cdots\cdots\cdots\cdots\cdots (3.56)$$

壁面 $y=0$ で速度 $u=0$ であるから、$f'=0$ を考えると $c_2=0$、c_1 は $\eta=\infty$ で $f'=1$ を使って求める。

$$f = \int_0^\eta \int_0^\eta \sqrt{c_1 \exp\left(-\int_0^\eta f d\eta\right)} d\eta d\eta + c_3 \quad \cdots\cdots\cdots\cdots (3.57)$$

式（3.47）直後で境界条件について前述してあるが、$\eta=0$ で $f=0$ であるから $c_3=0$ となる。

予定通り f が求まれば（流れ場が求まれば）、それを式（3.51）に代入して温度分布 T^* を求める手順である。

参考のために以下に計算コードを掲載する。初めに f が距離に比例している直線であることを仮定して、s1[i] という配列で $-\int_0^\eta f d\eta$ を計算している。積分には台形公式を使っている。さらに s2[i] という配列で

$$\int_0^\eta \sqrt{c_1 \exp\left(-\int_0^\eta f d\eta\right)} d\eta$$

を計算し、s3[i] という配列で

– 74 –

$$\int_0^\eta \int_0^\eta \sqrt{c_1 \exp\left(-\int_0^\eta f d\eta\right)} d\eta d\eta$$

を計算している。次に c_1 で $f'=1$ となるように s2[NMAX-1] で s2[i] と s3[i] を割って計算の 1 ループとなる。繰り返しループの最初に仮定した f と計算を終えた f とでは当然値が異なるので、alpha という比率で仮定した f と計算された f を足し合わせた上で新たな f として元の計算に戻る。繰り返し計算して、最初に仮定した f と計算された f の差が相対誤差として 10^{-6} 以下になるまで繰り返す条件とした。説明が前後したが、f は速度の積分なので速度ポテンシャル ϕ と呼ばれる関数である。要するに微分すると速度になる関数であるが、詳しくは流体の教科書 [3-4] に説明を譲る。

$$\frac{\partial \phi}{\partial x} = u, \frac{\partial \phi}{\partial y} = v \quad \cdots\cdots\cdots\cdots\cdots\cdots\cdots\cdots\cdots\cdots\cdots\cdots\cdots \quad (3.58)$$

f は壁からの距離 y に比例すると仮定したが、

$$f = \int_0^\eta f' d\eta = \int_0^\eta \frac{u}{U_\infty} d\eta = \int_0^{\delta\eta} \frac{u}{U_\infty} \frac{dy}{\delta} = \frac{1}{U_\infty \delta} \int_0^y u dy \quad \cdots\cdots\cdots\cdots \quad (3.59)$$

であるから、$v=0$ で x 方向成分の u を y 方向へ積分すれば、それは流量と考えられる。当然、壁から離れるにつれて流量は増えていくため、最初に壁からの距離に比例すると仮定した f は、それなりに理にかなった仮定だったと言える。もし最初に仮定した関数が悪い場合には、当然、数値計算では収束しない。

　プログラムに説明を戻して、f が求まった後、s1[i] という配列を初期化し、s1[i] の配列を使って f を台形公式で積分、式 (3.50) に従って、さらに積分して配列 t[i] で T^* を求めている。途中 t[NMAX-1] で

$$\int_0^\infty \exp\left(-\frac{\mathrm{Pr}}{2}\int_0^\eta f(\eta)\,d\eta\right)d\eta$$

を計算している。

```
/*****************************************

f'''+2ff''=0 を解く

*****************************************/

#define NMAX    1000
#include <stdio.h>
#include <math.h>
void main  (void)
{
        int I, c;
        double Pr=0.1;                        /*プラントル数*/
        double dy=0.01,err,alpha=0.2;         /*メッシュ間隔など*/
        double Ts=1,Ti=0;
        double f[NMAX],f1[NMAX],f2[NMAX],f3[NMAX];    /* f',f'',f'''*/
        double s1[NMAX],s2[NMAX],s3[NMAX];        /* 積分のための変数 */
        double t[NMAX]; /* 温度 */
        FILE *fp;
    // 保存ファイルオープン
        if((fp=fopen ("result.dat","w"))==NULL){
                printf("Can not creat file.\n");
                exit(-1);
```

- 76 -

```c
        }
        for(i=0;i<NMAX;i++){                        /*fの分布を仮定*/
                f[i]=i*dy;
        }
        c=0;                                        /*繰り返し計算回数をcでカウント*/
        do{                                         /*fの繰り返し計算スタート*/
                c=c+1;
                s1[0]=0;
                for(i=1;i<NMAX;i++){    /* fを積分 */
                        s1[i]=s1[i-1]+ (f[i]+f[i-1])*dy/2;
                }
                s2[0]=0;                     /* 式 (3-55) を計算 */
                for(i=1;i<NMAX;i++){
                        s2[i]=s2[i-1]+(sqrt(exp(-s1[i]))+sqrt(exp(-
s1[i-1])))*dy/2;
                }
                s3[0]=0;        /* 式(3-56)を計算 */
                for(i=1;i<NMAX;i++){
                        s3[i]=s3[i-1]+(s2[i]+s2[i-1])*dy/2;
                }
                for(i=1;i<NMAX;i++){
                        s3[i]=s3[i]/s2[NMAX-1]; /* c1を計算 */
                        s2[i]=s2[i]/s2[NMAX-1]; /* c1を計算 */
                }
```

○第3章　熱流体数値計算の初歩

```
        for(i=0;i<NMAX;i++){     /* 新たなfを計算 */
                f2[i]=s2[i];
                f[i]=(1-alpha)*f[i]+alpha*s3[i];
        }
        err=0;              /*仮定したfと計算されたfの差を計算*/
        for(i=1;i<NMAX;i++){
                err=err+fabs(f[i]-s3[i]);
        }
        err=err/f[NMAX-1];      /* 相対誤差としている */
        printf("Iter=%d,err=%lf\n",c,err);      /* 繰り返し回
数を画面表示 */
        }while(err>0.000001);    /* 相対誤差が10⁻⁶以下になるまで繰り返し */
/* Temperature */        /* 温度分布計算 */
        s1[0]=0;
        for(i=1;i<NMAX;i++){
                s1[i]=s1[i-1]+(f[i]+f[i-1])/2*dy;      /* fの積分 */
        }
f       or(i=1;i<NMAX;i++){
                s1[i]=exp(-s1[i]*Pr/2);         /* 式 (3-51) */
        }
        t[0]=0;
        for(i=1;i<NMAX;i++){
                t[i]=t[i-1]+(s1[i]+s1[i-1])/2*dy;   /* 式 (3-52) */
        }
```

```
for(i=0;i<NMAX;i++){

        t[i]=t[i]/t[NMAX-1];    /* 式(3-53) */

        t[i]=Ts-(Ts-Ti)*t[i];   /* 無次元温度から温度分布へ */

}

for(i=0;i<NMAX;i++){

        fprintf(fp,"%lf,%lf,%lf,%lf\n",i*dy,f[i],f2[i],t[i]);

}

fclose(fp);

}
```

　計算結果を Pr 数と共に示す。図 3-5 に示していた温度分布と速度分布の概略が計算できていることが確認できる。速度分布を表す f' を見ると $\eta = 5$ 程度でほぼ $f' = 1$ すなわち $u = U_\infty$ と主流速度になっていることがわかる。式（3.38）で速度境界層厚さ δ は $\sqrt{\nu x / U_\infty}$ 程度としたが、実際は $5.0\sqrt{\nu x / U_\infty}$ であることも図で確認できる。Pr=1 では式（3.36）と式（3.37）が等しくなるので、それぞれの速度境界層と温度境界層の厚さが等しくなっている。Pr 数が 0.1 と小さい場合、温度伝播率が動粘性係数よりも大きいため、温度の情報が壁面からより遠くへ伝わっている。反対に Pr 数が大きい場合は、温度伝播率 a が小さいため、温度境界層は薄くなっている。

　この章では、熱伝導と層流の熱伝達について簡単に触れた。商用ソフトを使ってブラックボックスになりがちな数値計算の一端を理解することで、境界条件はもちろんのこと、ソフトウェアで設定するメッシュサ

－ 79 －

○第3章 熱流体数値計算の初歩

イズや時間刻み、収束条件など各種パラメーターへの理解が深まることを期待する。

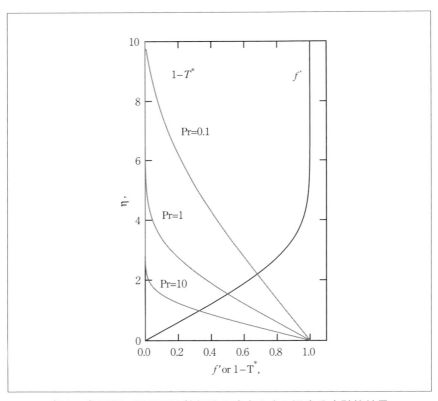

〔図3-6〕平板に沿う層流熱伝達の速度分布と温度分布計算結果

参考文献

3-1) 棚橋隆彦、はじめての CFD、コロナ社、1996.

3-2) 小竹進、土方邦夫、パソコンで解く熱と流れ、丸善、1988.

3-3) 水谷幸夫、香月正司　共訳、コンピュータによる熱の移動と流れの
数値解析、森北出版、1985.

3-4) 日野幹雄、流体力学、朝倉書店、1992

第4章

熱電モジュールの計算

これまでに熱電モジュール設計に必要と考えられる伝熱工学の一部を説明してきたが、本章では具体的な計算について触れる。熱電の研究では頻繁に目にする ZT を導き出すモジュールの効率計算について、伝熱計算への慣れも兼ねて最初に触れる。第2章で熱抵抗モデルの説明で Π 型モジュールの発電出力を概算したが、素子断面積の最適設計にも本章では踏み込む。他、Cross-plane 型と in-plane 型の計算についても触れる。

4-1 熱電発電の効率計算

熱電発電の効率を計算するため、図4-1のようなモデルを考える。第1章で説明したようにペルチェ効果による熱の授受があるが、電流の向きから T_H 側でペルチェ吸熱が起こる。熱伝導で低温側に逃げる熱も温度を T_H に保つためには加熱側に加えなければならない。一方で電流 I が熱電素子を流れているとジュール発熱するため、その分は熱入力しなくてもよいこととなる。従って、熱入力と熱の逃げの釣り合いは以下の式で表せる[1-1]。

$$Q_{All} = Q_\lambda + Q_\alpha - \frac{1}{2}Q_\rho$$
$$= \lambda \frac{A}{l}(T_H - T_C) + SIT_H - \frac{1}{2}I^2\rho\frac{l}{A} \quad \cdots\cdots\cdots\cdots\cdots\cdots (4.1)$$

オームの法則より

$$I = \frac{S(T_H - T_C)}{R + r} = \frac{S(T_H - T_C)}{r(m+1)}, \quad m = \frac{R}{r} \quad \cdots\cdots\cdots\cdots (4.2)$$

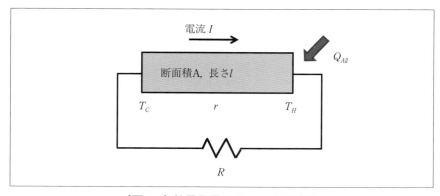

〔図4-1〕熱電発電モジュール概略図

従って、発電量 W は I^2R で計算できる。

$$W = I^2 R = \frac{S^2 (T_H - T_C)^2 m}{r(m+1)^2} \quad \cdots\cdots\cdots\cdots\cdots\cdots\cdots\cdots\cdots\cdots \text{(4.3)}$$

熱入力と発電量が導けたので、熱電素子の発電効率は以下のように書ける。

$$\eta = \frac{W}{Q_{All}} = \frac{\dfrac{S^2 (T_H - T_C)^2}{r(m+1)^2} m}{\lambda \dfrac{A}{l}(T_H - T_C) + SIT_H - \dfrac{1}{2} I^2 \rho \dfrac{l}{A}} \quad \cdots\cdots\cdots\cdots \text{(4.4)}$$

分母を整理して、

$$
\begin{aligned}
Q_{all} &= Q_\alpha + Q_\lambda - \frac{1}{2} I^2 r \\
&= SIT_H + \lambda \frac{T_H - T_C}{l} A - \frac{1}{2} I^2 \rho \frac{l}{A} \\
&= S \frac{S(T_H - T_C)}{R+r} T_H + \lambda \frac{T_H - T_c}{l} A - \frac{1}{2} \left\{ \frac{S(T_H - T_C)}{R+r} \right\}^2 \rho \frac{l}{A} \\
&= S^2 T_H \frac{(T_H - T_C)}{R+r} + \lambda \frac{T_H - T_c}{l} A - \frac{1}{2} \frac{S^2 (T_H - T_C)^2}{(R+r)^2} \rho \frac{l}{A} \\
&= S^2 T_H \frac{(T_H - T_C)}{R+r} + \lambda \frac{T_H - T_c}{l} A - \frac{1}{2} \frac{S^2 (T_H - T_C)^2}{r^2 (m+1)^2} r \\
&= S^2 T_H \frac{(T_H - T_C)}{R+r} \frac{1}{r(m+1)} + \lambda \frac{T_H - T_C}{l} A - \frac{1}{2} \frac{S^2 (T_H - T_C)^2}{r(m+1)^2}
\end{aligned}
$$

$$\cdots \text{(4.5)}$$

式 (4.4) を書きなして

– 87 –

○第4章　熱電モジュールの計算

$$\eta = \frac{W}{Q_{total}}$$

$$= \frac{S^2(T_H - T_C)^2 \times \dfrac{m}{r(m+1)^2}}{S^2 T_H(T_H - T_C)\dfrac{1}{r(m+1)} + \lambda\dfrac{T_H - T_C}{l}A - \dfrac{1}{2}\dfrac{S^2(T_H - T_C)^2}{r(m+1)^2}}$$

$$\cdots (4.6)$$

分母、分子を $S^2(T_H - T_C)$ で割ると

$$= \frac{(T_H - T_C)\dfrac{m}{r(m+1)^2}}{\dfrac{T_H}{r(m+1)} + \dfrac{\lambda}{S^2}\dfrac{A}{l} - \dfrac{1}{2}\dfrac{T_H - T_C}{r(m+1)^2}}$$

分母、分子を $r(m+1)$ 倍して

$$= \frac{(T_H - T_C)\dfrac{m}{m+1}}{T_H + \dfrac{\lambda(m+1)}{S^2}\dfrac{A}{l}r - \dfrac{1}{2}\dfrac{T_H - T_C}{(m+1)}}$$

$$= \frac{T_H - T_C}{T_H}\frac{(T_H - T_C)\dfrac{m}{m+1}}{1 + \dfrac{\lambda(m+1)}{S^2\sigma T_H} - \dfrac{1}{2}\dfrac{T_H - T_C}{T_H(m+1)}} \quad \cdots\cdots\cdots\cdots\cdots (4.7)$$

ここで効率 η を最大にする m を見つけるため、$\partial\eta/\partial m$ を計算する。

$- 88 -$

$$\frac{\partial \eta}{\partial m} = \frac{\partial}{\partial m} \left\{ \frac{T_H - T_C}{T_H} \frac{\dfrac{m}{m+1}}{1 + \dfrac{\lambda(m+1)}{S^2 \sigma T_H} - \dfrac{T_H - T_C}{2T_H(m+1)}} \right\} \quad \cdots\cdots\cdots\cdots \quad (4.8)$$

$$= \frac{T_H - T_C}{T_H} \frac{\partial}{\partial m} \left\{ \frac{\dfrac{m}{m+1}}{1 + \dfrac{\kappa(m+1)}{S^2 \sigma T_H} - \dfrac{T_H - T_C}{2T_H(m+1)}} \right\}$$

$$= \frac{T_H - T_C}{T_H} \frac{\dfrac{\partial}{\partial m}\left\{\dfrac{m}{m+1}\right\} \times \left\{1 + \dfrac{\lambda(m+1)}{S^2 \sigma T_H} - \dfrac{T_H - T_C}{2T_H(m+1)}\right\} - \left\{\dfrac{m}{m+1}\right\} \times \dfrac{\partial}{\partial m}\left\{1 + \dfrac{\lambda(m+1)}{S^2 \sigma T_H} - \dfrac{T_H - T_C}{2T_H(m+1)}\right\}}{\left\{1 + \dfrac{\lambda(m+1)}{S^2 \sigma T_H} - \dfrac{T_H - T_C}{2T_H(m+1)}\right\}^2}$$

$$= 0 \qquad\qquad\qquad\qquad\qquad\qquad\qquad\qquad\qquad \cdots (4.9)$$

式 (4.9) が 0 になるには、分子が 0 になればよいから、分子だけを計算する。

$$\frac{\partial}{\partial m}\left\{\frac{m}{m+1}\right\} \times \left\{1 + \frac{\lambda(m+1)}{S^2 \sigma T_H} - \frac{T_H - T_C}{2T_H(m+1)}\right\}$$

$$- \left\{\frac{m}{m+1}\right\} \times \frac{\partial}{\partial m}\left\{1 + \frac{\lambda(m+1)}{S^2 \sigma T_H} - \frac{T_H - T_C}{2T_H(m+1)}\right\} = 0 \quad \cdots\cdots\cdots\cdots \quad (4.10)$$

○第4章　熱電モジュールの計算

$$\frac{m+1-m}{(m+1)^2}\left\{1+\frac{\lambda(m+1)}{S^2\sigma T_H}-\frac{T_H-T_C}{2T_H(m+1)}\right\}-\frac{m}{m+1}\left\{\frac{\lambda}{S^2\sigma T_H}+\frac{T_H-T_C}{2T_H(m+1)^2}\right\}=0$$

$$\frac{1}{(m+1)^2}\left\{1+\frac{\lambda(m+1)}{S^2\sigma T_H}-\frac{T_H-T_C}{2T_H(m+1)}\right\}-\frac{1}{(m+1)^2}\left\{\frac{\lambda m(m+1)}{S^2\sigma T_h}+\frac{m(T_H-T_C)}{2T_H(m+1)}\right\}=0$$

$$\frac{1}{(m+1)^2}\left\{1+\frac{\lambda(m+1)}{S^2\sigma T_H}-\frac{T_H-T_C}{2T_H(m+1)}-\frac{\lambda(m+1)}{S^2\sigma T_H}m-\frac{T_H-T_C}{2T_H(m+1)}m\right\}=0$$

$$\frac{1}{(m+1)^2}\left\{1+\frac{\lambda(m+1)}{S^2\sigma T_H}(1-m)-\frac{T_H-T_C}{2T_H(m+1)}(1+m)\right\}=0$$

$$1+\frac{\lambda}{S^2\sigma T_H}\left(1-m^2\right)-\frac{T_H-T_C}{2T_H}=0$$

$$\frac{\lambda}{S^2\sigma T_h}\left(1-m^2\right)=\frac{T_H-T_C}{2T_H}-1=\frac{T_H-T_C-2T_H}{2T_H}\qquad\cdots(4.11)$$

m について解くので、少し整理して

$$m^2-1=\frac{1}{2}\frac{S^2\sigma}{\lambda}(T_H+T_C)$$

$$m^2=1+\frac{1}{2}\frac{S^2\sigma}{\lambda}(T_H+T_C)$$

$$m=\sqrt{1+\frac{1}{2}\frac{S^2\sigma}{\lambda}(T_H+T_C)}\quad\cdots\cdots\cdots\cdots\cdots\cdots\cdots\cdots\quad(4.12)$$

となり、η を最大にする m が求まった。次に式 (4.8) の m を整理する。

$$\eta_{\max}=\frac{T_H-T_C}{T_H}\frac{(T_H-T_C)\dfrac{m}{m+1}}{1+\dfrac{\lambda(m+1)}{S^2\sigma T_H}-\dfrac{1}{2}\dfrac{T_H-T_C}{T_H(m+1)}}$$

分母と分子を $(m+1)/m$ 倍すると

－ 90 －

$$= \frac{T_H - T_C}{T_H} \frac{1}{\dfrac{m+1}{m} + \dfrac{\lambda}{S^2 \sigma T_H} \dfrac{1}{m}(m+1)^2 - \dfrac{T_H - T_C}{2T_H m}}$$

次に分母と分子に $(m-1)$ 倍する。

$$= \frac{T_H - T_C}{T_H} \frac{m-1}{\dfrac{m^2-1}{m} + \dfrac{\lambda}{S^2 \sigma T_H m}(m^2-1)(m+1) - \dfrac{T_H - T_C}{2T_H m}(m-1)}$$

ここで式 (4.12) より

$$m^2 - 1 = \frac{1}{2} \frac{S^2 \sigma}{\lambda}(T_H + T_C)$$

だから

$$= \frac{T_H - T_C}{T_H} \frac{m-1}{\dfrac{m^2-1}{m} + \dfrac{1}{2T_H m}(T_H + T_C)(m+1) - \dfrac{1}{2T_H m}(T_H - T_C)(m-1)}$$

$$= \frac{T_H - T_C}{T_H} \frac{m-1}{\dfrac{m^2-1}{m} + \dfrac{1}{2T_H m}\{(T_H + T_C)(m+1) - (T_H - T_C)(m-1)\}}$$

$$= \frac{T_H - T_C}{T_H} \frac{m-1}{\dfrac{m^2-1}{m} + \dfrac{1}{2T_H m}(T_H m + T_C m + T_H + T_C - T_H m + T_C m + T_H - T_C)}$$

$$= \frac{T_H - T_C}{T_H} \frac{m-1}{m - \dfrac{1}{m} + \dfrac{1}{2T_H m}(2T_C m + 2T_H)}$$

従って

○第4章　熱電モジュールの計算

$$= \frac{T_H - T_C}{T_H} \frac{m-1}{m - \frac{1}{m} + \frac{T_C}{T_H} + \frac{1}{m}} = \frac{T_H - T_C}{T_H} \frac{m-1}{m + \frac{T_C}{T_H}} \quad \cdots\cdots (4.13)$$

が導かれた。

式(4.13)を図4-2にプロットする。曲線上の値はZTと呼ばれる無次元性能指数で式(4.12)の

$$\frac{1}{2} \frac{S^2 \sigma}{\lambda} (T_H + T_C)$$

である。温度TはT_HとT_cの平均値をとっており、熱電素子の作動温度である。Zはゼーベック係数S、導電度σ、熱伝導率λで表される。

$$\frac{1}{2} \frac{S^2 \sigma}{\lambda} (T_H + T_C) = Z \left(\frac{T_H + T_C}{2} \right) = ZT \quad \cdots\cdots\cdots\cdots (4.14)$$

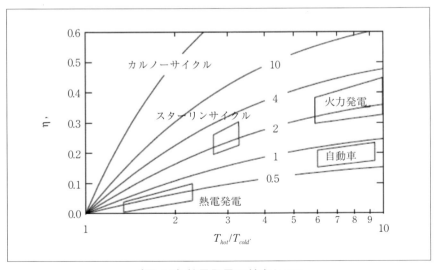

〔図4-2〕熱電発電の効率とZT

ここでは効率最大を議論したが、出力最大を目的とするなら電池となる熱電モジュールの抵抗と外部抵抗を等しくするとよく、$m=1$ となるよう熱電モジュールの対数を外部の電気回路に併せて決めることとなる。本計算では高温と低温を決めて効率を計算したが、入力の熱流束を一定条件として最高効率を計算すると効率が当然異なってくる[4-1)]。詳細は省いて結果だけ紹介すると

$$\eta = \frac{2m(m-ZT_C-1)}{2m^2+(1-2ZT_C)m+ZT_C+1} \quad \cdots\cdots\cdots\cdots\cdots (4.15)$$

と計算されている。

　蛇足になるが、式（4.1）についてジュール発熱項が 1/2 ずつ T_H と T_C の両側に放出されるのは、やや直感的ではない。熱エネルギーは温度の高いほうから低いほうに流れるので、温度の低い側に多くの熱が流れるように感じるためである。参考のため予測される温度分布を図4-3に示

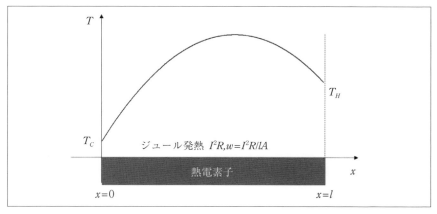

〔図4-3〕自己発熱し，両端の温度が異なる熱伝導の温度分布

○第4章　熱電モジュールの計算

す。この温度分布を定常状態における熱伝導方程式から求める。式 (2.3)
より1次元方向だけで記述すると

$$0 = \lambda \frac{\partial^2 T}{\partial x^2} + w \quad\cdots\cdots\cdots\cdots\cdots\cdots\cdots\cdots\cdots (4.16)$$

となる。w は単位体積あたりの発熱項でジュール発熱が相当する。温度 T
を得るには2回積分して以下の式が得られる。

$$T = -\frac{w}{2\lambda} x^2 + c_1 x + c_2 \quad\cdots\cdots\cdots\cdots\cdots\cdots\cdots (4.17)$$

$x = 0$ で $T = T_C$, $x = 1$ で $T = T_H$ であるから、それぞれ代入して未定定数
c_1, c_2 を求めると

$$T = -\frac{w}{2\lambda} x^2 + \left(\frac{w}{2\lambda} l + \frac{T_H - T_C}{l} \right) x + T_C \quad\cdots\cdots\cdots\cdots (4.18)$$

が得られる。フーリエの式には温度勾配が必要であるから、式 (4.18)
より

$$\frac{dT}{dx} = -\frac{w}{\lambda} x + \left(\frac{w}{2\lambda} l + \frac{T_H - T_C}{l} \right) \quad\cdots\cdots\cdots\cdots\cdots (4.19)$$

従って T_H 側に入る熱流束 q_H と T_C 側へ入る熱流束 q_C をそれぞれ計算
して

$$q_H = -\lambda \left(\frac{dT}{dx} \right)_{x=l} = -\lambda \left\{ -\frac{w}{\lambda} l + \left(\frac{w}{2\lambda} l + \frac{T_H - T_C}{l} \right) \right\} = \frac{w}{2} l - \lambda \frac{T_H - T_C}{l}$$
$$\cdots (4.20)$$

－ 94 －

$$q_C = -\lambda \left(\frac{dT}{dx} \right)_{x=0} = -\lambda \left(\frac{w}{2\lambda} l + \frac{T_H - T_C}{l} \right) = -\frac{w}{2} l - \lambda \frac{T_H - T_C}{l} \quad (4.21)$$

が得られる。確かに高温側と低温側に流れる熱流束の値が異なっている。しかし、その内訳でwの含まれる項がジュール発熱に起因する項である。図4-3を見ながら熱流束の向きに気を付けると、q_Hは正の向きに、q_Cは負の向きにジュール発熱に起因する熱が同じ量だけ流れているのがわかる。式 (4.1) についてジュール発熱項が1/2ずつ T_H と T_C の両側に放出されるモデルは正しいことが確かめられた。

○第4章　熱電モジュールの計算

4－2　p型、n型素子の最適断面積

　熱電発電モジュールの最高効率化には、Z が大きくなければならないことは述べた。実際のモジュールではサイズの効果が入るため、$S^2\sigma/\lambda$ といった物性だけではない形状まで加えた電気抵抗 R、熱コンダクタンス K を用いた評価が必要となる。一般的な Π 型モジュールの形状については、図 2-6、図 2-7 に示した通りである。モジュールの設計として、それぞれの熱電材料部分の断面積、高さをどのように決めたらよいか、まずは断面積から触れる。今、p-n 対で素子の長さは同じにすることを考えると

$$R = \rho_n \frac{l}{S_n} + \rho_n \frac{l}{S_p}, \quad K = \lambda_n \frac{S_n}{l} + \lambda_p \frac{S_p}{l}$$

となり（それぞれ n, p の添え字は、p型材料と n型材料）、その積 RK が最小とならなければならない。R が小さければ内部抵抗が小さいので、大きな電流を作りだすことが可能で、K が小さければ、大きな温度差から大きな電圧を作り出すことが可能となる。

$$
\begin{aligned}
R \times K &= \left(\rho_n \frac{l}{S_n} + \rho_p \frac{l}{S_p} \right) \times \left(\lambda_n \frac{S_n}{l} + \lambda_p \frac{S_p}{l} \right) \\
&= \left(\frac{\rho_n}{S_n} + \frac{\rho_p}{S_p} \right) \times \left(\lambda_n S_n + \lambda_p S_p \right) \\
&= \lambda_n \rho_n + \lambda_p \rho_p + \lambda_p \rho_n \frac{S_p}{S_n} + \lambda_n \rho_p \frac{S_n}{S_p} \quad \cdots\cdots\cdots\cdots (4.22)
\end{aligned}
$$

　S_p/S_n の比をうまく選ぶことで $R \times K$ を最小にするので、$S_p/S_n = x$ として式 (4.22) を微分して最小値を求める。

$$R \times K = \lambda_n \rho_n + \lambda_p \rho_p + \lambda_p \rho_n x + \lambda_n \rho_p \frac{1}{x}$$

$$\frac{\partial (R \times K)}{\partial x} = \lambda_p \rho_n - \lambda_n \rho_p \frac{1}{x^2} = 0 \qquad \cdots\cdots\cdots\cdots\cdots\cdots (4.23)$$

式 (4.23) を満たす x は、

$$x = \sqrt{\frac{\lambda_n \rho_p}{\lambda_p \rho_n}} \qquad \cdots\cdots\cdots\cdots\cdots\cdots\cdots\cdots\cdots\cdots\cdots (4.24)$$

となる。例題として Bi_2Te_3 熱電半導体の p 型と n 型の特性が表 4-1 に示すとおりとすると、p 型と n 型の断面積比は 0.96 となり、p 型 Bi_2Te_3 の断面積を少し小さくするほうがよい結果が得られる。表 4-1 を見た限りでは、電気的特性と熱的特性のどちらを優先したらよいかわからないため、式 (4.24) のような指標を知らないと最適設計が難しい。異なる材料で p-n 対を作製するときには、断面積比を大きくせざるを得ないことも考えられる。

次に素子の高さについて触れる。式 (4.3) の熱電モジュールの出力 W に電気抵抗 r（長さ l と断面積 A）を代入して

$$W = I^2 R = \frac{S^2 (T_H - T_C)^2 m}{r (m+1)^2} = \frac{S^2 (T_H - T_C)^2 m}{\frac{1}{\sigma} \frac{l}{A} (m+1)^2} \qquad \cdots\cdots\cdots\cdots (4.25)$$

〔表 4-1〕p 型、n 型熱電半導体の特性

	p 型	n 型
S μV/K	210	-170
ρ $\mu\Omega$m	12	15
λ W/(m·k)	1.3	1.5

$-$ 97 $-$

○第4章　熱電モジュールの計算

と書ける。ここで体積（V=A×1）あたりの出力を考えると次のような式
が導ける。

$$\frac{W}{V} = \frac{S^2(T_H - T_C)^2 m}{\frac{1}{\sigma}\frac{l}{A}(m+1)^2}\frac{1}{Al} = \frac{\lambda}{l^2}\frac{mZ}{(m+1)^2}(T_H - T_C)^2 \quad \cdots\cdots\cdots (4.26)$$

　従って、素子の高さを短くすればするほど、単位体積あたりの出力は
上がる。式（1.4）に発電量は体積に比例すると説明したので、究極に面
積を広くとり薄い熱電モジュールを作れば、莫大に大きな発電量を期待
できることになる。頭の中で思考実験すると、やや矛盾が感じられる現
象なので、少し説明を加えたい。

　式（1.4）には熱流束 q が式に残っており、体積を大きくすれば出力が
上がる議論には、熱流束 q が変わらないことが大前提である。式（4.26）
も式に $(T_H - T_C)$ という温度差が残っており、素子高さ l を短くすればす
るほど出力が上がるのは、$(T_H - T_C)$ が一定に保てることが大きな前提条
件として入っている。ここで式（1.3）で熱流束 q は以下のように書ける
ことに改めて注意したい。

$$q = \frac{Q}{A} = \lambda\frac{T_H - T_C}{l} \quad \cdots\cdots\cdots\cdots\cdots\cdots\cdots\cdots\cdots\cdots\cdots (4.27)$$

　式（4.26）において、もし温度差 $(T_H - T_C)$ を一定に保ったまま、高さ l
を短くした場合、式（4.27）の右辺 q は増加する。この q の増加、言い換
えれば冷却量 q を増やさないと、l を短くしながら温度差を一定に保てな
いのである。図1-2 に示したが、冷却技術の限界はおおよそ水による沸
騰伝熱による値なので、ナノテクなどの新技術を用いなければ100 W/cm²
あたりが q の限界と考えて大きな間違いではない。必要な温度差は、必

- 98 -

要とする電圧で決定されるので、素子高さ l もそれなりの高さで設計しなければならない。式 (1.4)、式 (4.27) から薄膜で Cross-plane 型熱電モジュールとすれば、一見、際限なく発電できそうに見えるが冷却技術としての熱流束 q が熱電発電の出力限界を決める。

○第4章 熱電モジュールの計算

4－3　In-plane 型熱電発電モジュール

　第1章で熱電発電モジュールの出力が体積に比例することを述べた（式 (1.4)）。エネルギーハーベスティングでは、少ない電力供給で良いため、小さい体積でモジュールを作製しても仕様を満たすことも考えられるが、高温部と低温部の距離が短いと熱抵抗が小さくなるため、温度差が取れず、結果として発電した電気の電圧を大きく取れないことも十分に考えられる。そこで薄膜の薄い特性を活かして、熱が通過する断面積を小さくして、熱抵抗を大きくし、熱電素子両端の温度差を少ない熱流束でも生み出せるようにしたのが In-plane 型（図 4-4）である。

　これまでの伝熱工学の知識を活用して、単純なケースを考えて熱設計の重要性を理解する。まず簡単のため、熱電材料だけの熱輸送を考える。図 4-5 左に in-plane 型を想定した熱電薄膜、図 4-5 右に cross-plane 型と呼ばれる通常の Π 型熱電発電モジュールに使われる熱電素子の塊を考える。

　in-plane 型熱電モジュールの概略を図 4-6 に示す。両持ち梁の構造とする。右端および左端両側が $T_H=100$℃で加熱され、周辺流体として空

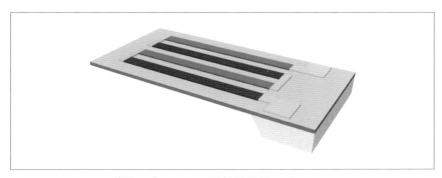

〔図 4-4〕In-plane 型熱電発電モジュール

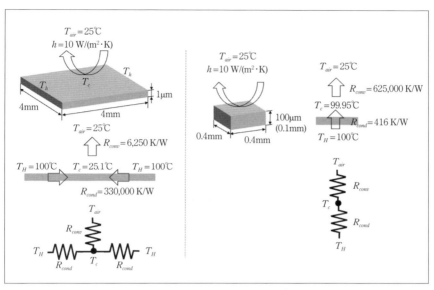

〔図4-5〕in-plane型（左図）とcross-plane型（右図）マイクロジェネレーターの熱輸送概略。材料の熱伝導率λを1.5W/(m・K)と仮定した。

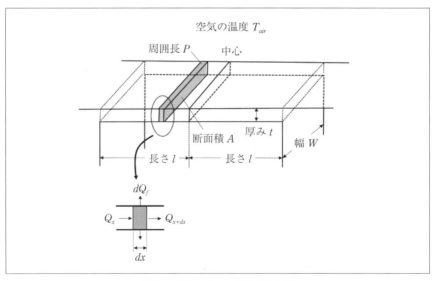

〔図4-6〕in-plane型モデル図

○第4章　熱電モジュールの計算

気の温度 T_{air} を 25℃とする。熱電薄膜の表面は熱伝達率 $h = 10$ W/(m²·K) で対流冷却されているとして、単純なフィン計算の式を使って、冷却されて低温になる中心温度 T_c を求める [1,2]。

まず図 4-6 中で

$$Q_x = -A\left(\lambda\frac{dT}{dx}\right)_x$$

$$Q_{x+dx} = -A\left(\lambda\frac{dT}{dx}\right)_{x+dx} = -A\left\{\left(\lambda\frac{dT}{dx}\right)_x + \frac{d}{dx}\left(\lambda\frac{dT}{dx}\right)_x dx\right\} \qquad (4.25)$$

と書ける。

冷却されている微小部分の熱エネルギーの釣り合いを考えると

$$Q_x - Q_{x+dx} = dQ_f = h(T - T_{air})\,P \quad \cdots\cdots\cdots\cdots\cdots\cdots\cdots\cdots (4.26)$$

であるから、式 (4.25) 式 (4.26) より

$$\frac{d}{dx}\left(\lambda\frac{dT}{dx}\right)_x = h(T - T_{air})P \quad \cdots\cdots\cdots\cdots\cdots\cdots\cdots (4.27)$$

が得られる。今、$\theta = (T - T_{air})/(T_0 - T_\infty)$ と置くと

$$\frac{d^2\theta}{dx^2} - m^2\theta = 0,\, m = \sqrt{\frac{hP}{\lambda A}} \quad \cdots\cdots\cdots\cdots\cdots\cdots (4.28)$$

となる。この一般解は、

$$\theta = C_1 e^{mx} + C_2 e^{-mx} \quad \cdots\cdots\cdots\cdots\cdots\cdots\cdots\cdots (4.29)$$

となり、境界条件 $x = 0$ で $T = T_H$, $x = 1$ で右と左が対象なので $\partial\theta/\partial x = 0$ を代入すると

$$C_1 = \frac{e^{-ml}}{e^{ml} + e^{ml}}, C_2 = \frac{e^{ml}}{e^{ml} + e^{ml}} \quad \cdots\cdots\cdots\cdots\cdots\cdots \quad (4.30)$$

となる。従って θ を T で改めて書き直すと

$$T = T_{air} + (T_H - T_{air}) \cosh m(l-x)/\cosh ml \quad \cdots\cdots\cdots\cdots \quad (4.31)$$

と書ける。さて、m に含まれる周囲長 P と断面積 A は

$$P = 2(W + t), A = Wt \quad \cdots\cdots\cdots\cdots\cdots\cdots\cdots\cdots \quad (4.32)$$

と書けるから、

$$m = \sqrt{\frac{hP}{\lambda A}} = \sqrt{\frac{2h(W+t)}{\lambda Wt}} = \sqrt{\frac{2h}{\lambda t}\left(1 + \frac{t}{W}\right)} \fallingdotseq \sqrt{\frac{2h}{\lambda t}} \quad \cdots\cdots \quad (4.33)$$

となる。膜厚 $t = 1\mu$m は幅 W (=4 mm=4,000μm) より非常に小さいことを用いた。この結果、最も温度が下がる $x = l$ における温度 T_c は

$$T_c = T_{air} + (T_H - T_{air}) \Big/ \cosh \sqrt{\frac{2h}{\lambda\delta}}\, l \quad \cdots\cdots\cdots\cdots\cdots \quad (4.34)$$

と求められる。あらためて両端の加熱部温度 T_H、l は高温部と低温部の距離、λ は材料の熱伝導率（Bi_2Te_3 を想定して 1.5 W/(m·K)）、δ は膜厚である。図4-5左の寸法通りに $l = 2$ mm, $\delta = 1\mu$m を代入すると $T_c = 25.1$℃となり、in-plane 型熱電モジュールの中心部は、ほぼ空気と同じ温度まで下がる。

　一方で図4-5右に示すように薄膜と体積 (16×10^{-12}m^3) を同じくして、断面積 0.4 mm × 0.4 mm、長さ 100μm の塊を考えて cross-plane 型とする。in-plane 型と同じ冷却条件として、0.4 mm × 0.4 mm の上表面が熱伝達率

○第4章　熱電モジュールの計算

10 W/(m²·K) で冷却され、下面が100℃に加熱されていることを想定する。
材料内部の熱伝導を考慮すると

$$q = -\lambda \frac{\partial T}{\partial x} = \lambda \frac{T_H - T_c}{l}$$

$$T_C = T_H - \frac{ql}{\lambda} = T_H - \frac{h(T_c - T_{air})l}{\lambda} \quad \cdots\cdots\cdots\cdots\cdots\cdots (4.35)$$

式 (4.35) を T_C について解くと

$$T_C = \frac{T_H + \frac{hl}{\lambda} T_{air}}{\left(1 + \frac{hl}{\lambda}\right)} = \frac{100 + \frac{10 \times 0.0001}{1.5} 25}{\left(1 + \frac{10 \times 0.0001}{1.5}\right)} = 99.95 \quad \cdots\cdots\cdots (4.36)$$

となり、表面温度は99.95℃が得られる。結果として、材料全体が加熱
され、全く自然対流による冷却効果を期待できない。熱電発電による発
電量は熱電材料の体積に比例するが、エネルギーハーベスティングを想
定したような弱い冷却環境においては、cross-plane型ではもはや熱設計
の失敗により本来の発電能力を発揮できないことがわかる。

　この状況を単純化して、もう少し考察する。熱輸送を温度差 ΔT K、
熱抵抗 R K/W、熱輸送量 Q W で考え直すと ($\Delta T = R \times Q$)、in-plane 型
では薄膜の熱抵抗 $R_{cond} = l/\lambda A$ は断面積 A が非常に小さいことから
330,000 K/W（=2 mm/(1.5 W/(m·K)×4 mm×1μm）と非常に大きな値とな
る。熱伝達の熱抵抗 $R_{conv} = 1/hA$（=1/(10 W/(m²·K)×4 mm×4 mm)）=6,250 K/W
のほうが圧倒的に小さいため、T_c は空気側の温度に引き寄せられてい
る。電気の流れを考えたとき、電気抵抗の小さいほうへ電圧が引っ張ら
れるのと同じである。一方で図4-5右の熱伝導では、材料内の熱抵抗は

－ 104 －

たったの 416 K/W（=100 μm/(1.5 W/(m·K)×0.4 mm×0.4 mm)）しかない
のに対して、低温部での熱伝達が持つ巨大な熱抵抗（=1/(10 W/(m²·K)×
0.4 mm×0.44 mm)=625,000 K/W）が障壁となって、低温部の温度は低い
熱抵抗となる加熱側温度に引き寄せられる。ここでは空気の自然対流の
熱抵抗は非常に大きいため、熱電材料内で如何にして熱抵抗を大きく稼
ぐかが熱設計のポイントだったことになる。

　一般的に熱電発電開発では、熱電材料の ZT を高める材料開発が重要
である。熱電発電モジュールの形状が同じであれば、必ず ZT が高い材
料のほうが多くの電力を発電できるからである。しかし、ZT とは関係
なく、常に熱電発電モジュール形状の工夫は無視できないことが、上記
の例で理解できる。図 4-5 で得られた結果を熱電発電の効率の式（4.13）
に代入して考察する。もちろん ZT を導いたときの条件と in-plane 型の
伝熱計算では全く異なる条件下なので、単純に比較するのは良くないが、
理解の助けになるので乱暴ではあるが敢えて代入する。さて、この計算
では非常に優れた熱電材料を使ったとして $ZT=1$ を仮定する。もちろ
ん in-plane 型と cross-plane 型と形状に関わらず $m=1.41$ と計算される。
in-plane 型では $T_c=25.1℃$ (=298.1 K)、$T_H=100℃$ (=373 K) であるから、
熱電モジュールの発電効率は、

$$\eta = \frac{T_H - T_C}{T_H} \frac{m-1}{m+\dfrac{T_C}{T_H}} = \frac{373-298.1}{373} \frac{1.41-1}{1.41+\dfrac{298.1}{373}} = 0.20 \times 0.19 = 0.037$$

$$\cdots (4.37)$$

で 3.7% と計算される。一方で cross-plane 型は温度差が 0.05℃ しか得ら
れていないため、発電できないことは明確で計算するまでもないが、

－ 105 －

○第4章　熱電モジュールの計算

$$\eta = \frac{T_H - T_C}{T_H} \frac{m-1}{m + \dfrac{T_C}{T_H}} = \frac{373 - 372.95}{373} \frac{1.41 - 1}{1.41 + \dfrac{372.95}{373}}$$

$$= 0.00013 \times 0.17 = 0.000023 \qquad \cdots\cdots (4.38)$$

となり、効率 0.0023% が得られる。空気の温度 25℃、高温熱源 100℃ が有していたエネルギーの質 ($= (T_H - T_{air})/T_{air}$、エクセルギー率と呼ばれる [4-2])は 20% で熱力学から得られる最高効率と考えて良い。in-plane 型の熱設計ではこの熱エネルギーの質を大きく落とすことなく 3.7% で動くエネルギー変換素子となった。一方、cross-plane 型では 20% あったエクセルギー率が熱設計の失敗で 0.013% と限りなく 0% に近い値まで落としてしまっており、もはや ZT では回復できない状況となった。様々なデバイスで起こり得るが、サイズが小さくなればなるほど（代表長さ l が小さくなるほど）、古典的なサイズ効果で表面効果が見かけ上大きくなるため ($\ell^2 \gg \ell^3$)、熱設計の重要性が顕著となる。

参考文献

4-1) P.S Castro, W.W. Happ, J. Appl. Phys. Vol.31, 1314, 1960.

4-2) 吉田邦夫編、エクセルギー工学、共立出版、1999

第5章

熱電発電計算例

本章では、これまでにマイクロ熱電ジェネレーターとして開発してきたデバイスを例にいくつかの熱設計について紹介する。最後に既に提案されている興味深い熱電モジュール形状について紹介して、オリジナリティーあふれる熱電モジュール設計の参考になることを期待する。

○第5章　熱電発電計算例

5－1　In-plane 型薄膜熱電モジュール

前章における図4-4で紹介したin-plane型熱電モジュールを4方向から作製し、周辺部は加熱されて、中央部が冷却される熱電モジュールを微細加工によって作製し、その特性を評価した（図5-1）[5-1]。熱電モジュ

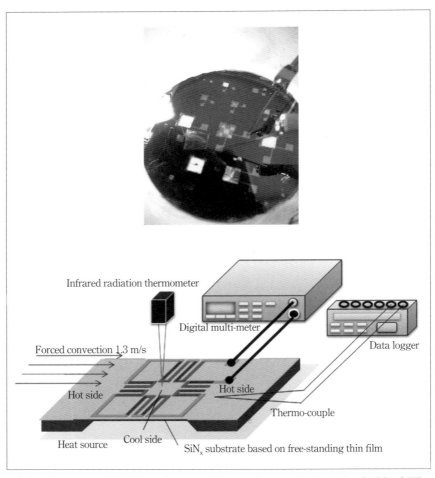

〔図5-1〕In-plane 型熱電モジュール（上：モジュール写真、下：実験概略図）

- 112 -

ールの基板となる部分をくり抜いて薄くすることで、モジュールの面方向（横方向）に流れる熱の断面積を小さくして熱抵抗を稼ぎ、少ない熱流束でも大きな温度差を生み出すことができるよう設計している。熱電モジュールの写真は、Si ウエハー上に作製したもので、熱電モジュールのパターンが作製されている基板部分は薄い黄色となっていて、透けて白いホットプレートの表面が見える。

裏が透けるほど薄い黄色薄膜は Si の窒化膜 SiN_x である。作製方法の概略を図 5-2 に示す。はじめに Si ウエハーの両面に PECVD によって窒

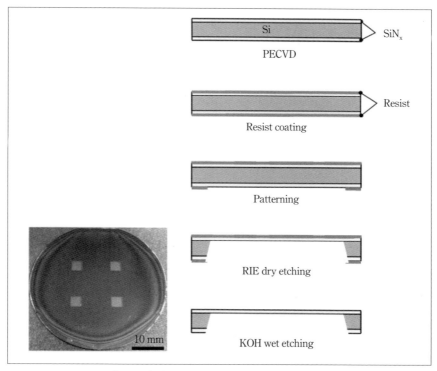

〔図 5-2〕熱電モジュール基板の作製方法

化膜 SiN$_x$ を生成する。この時の厚みが in-plane 型熱電モジュールの厚みを決めるプロセスになる。熱設計からは、薄ければ薄いほうがよいが、実際は機械構造的にそれなりに強い構造でないと実験もできないため、厚みは 4μm とした。次に、フォトレジストを利用して、Si 基板を抜いて、SiN$_x$ 膜が自立膜となる部分を決める。この自立した薄膜部分の面積が大きいほうが、やはり熱電材料両端の温度差を稼ぐには楽となるため、できる限り大きいほうがよいが、試行錯誤的にサイズを変えて作ってみたところ、4 mm×4 mm が研究室として扱える限界となった。これら膜厚、面積といった形状は熱設計ではなく、プロセスの限界から決まっている。フォトレジストで自立膜の面積を決めた後、RIE ドライエッチングで SiNx 膜を取り除き、Si ウエハーをむき出しにした後、KOH で Si ウエハーの一部を取り除く。SiN$_x$ 膜は KOH でエッチングされないため、図 5-2 の写真にあるように SiN$_x$ の自立膜が生成できる。

　基板側の構造を作製した後、表面に熱電薄膜を蒸着して、in-plane 型の熱電モジュールを作製する。非 Si 材料である Bi$_2$Te$_3$ をリフトオフやエッチングなどでパターン生成するのは難しいため、図 5-3 に示すよう

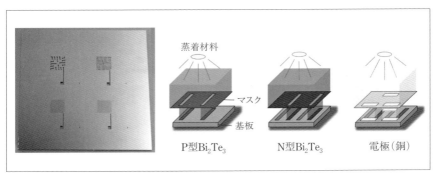

〔図 5-3〕シャドウマスクとマスクを用いたパターン生成

なシャドウマスクという手段を取って、必要な形状を得た（図 5-3）。シャドウマスクは、ステンレスのエッチングで国内業者に外注できるほか、Si 基板を DRIE と呼ばれるプロセスで作製するなど、様々な手法で準備できる。図 5-2 で紹介した手法で作製も可能である。

作製した熱電モジュール形状の詳細を図 5-4 に示す。熱電薄膜の膜厚

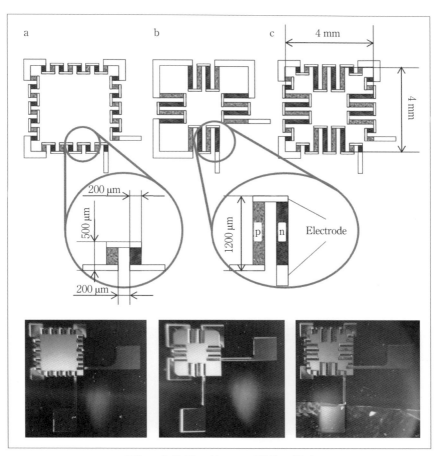

〔図 5-4〕熱電モジュール形状の概略

は300 nm程度であった。モジュール形状でaの内部抵抗は105 kΩ、bの内部抵抗は31 kΩ、cの内部抵抗は72 kΩだった。熱電材料としての長さは形状aとbで等しい。しかし電気抵抗はaのほうが高いため、p-n接点の数のほうが電気抵抗に影響を及ぼしているようにも見える。接点数、素子長さから考えれば、形状cが最も電気抵抗が高くなるはずだが、実験結果は単純にはc>a>bの順になっておらず、微細加工による熱電モジュール作製の技術的な問題が浮き彫りとなった。実際、Bi_2Te_3の導電度を使って電気抵抗を計算すると、測定値よりはるかに小さいため、電極材料選択や熱処理の最適化など材料間の接触電気抵抗を下げるノウハウの蓄積はモジュール生成には重要と考えられる。

　次に熱電モジュールから出力された電圧測定結果を数値解析結果とともに図5-5に示す。図中a, b, cは図5-4の形状と対応する。横軸は温度

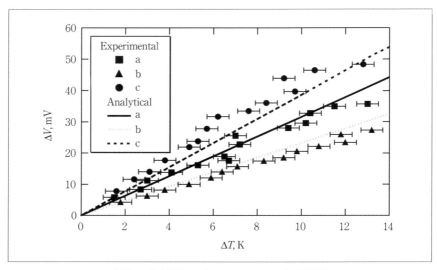

〔図5-5〕熱電モジュールからの出力電圧

差であり、加熱される周辺部は熱電対で測定し、機械的にも強度が弱い中央部の温度は、赤外線を用いた非接触な温度測定法によって結果を得た。電圧測定結果は、c>a>b の順となっており、p-n 対数が多いほうが出力電圧は大きくなり、温度差は薄膜の縁で大きくなるため、b と a を比較した場合、素子長さが短い a でも十分な出力電圧が得られる。これらの状況を把握するため、商用ソフトウェア ANSYS で熱伝導計算した。図 5-6 は熱電モジュールをモデル化したものであり、例として形状 a のものを示している。デバイスを 373 K で下面から加熱し、上面は熱伝達率 16 W/(m^2·K) で冷却されている条件とした。実験結果をよく説明するよう熱伝達率を決めたが、空気による強制対流冷却として妥当な値でもある。Si の熱伝導率を 168 W/(m·K)、Bi$_2$Te$_3$ の熱伝導率を 1 W/(m·K) とした。SiN$_x$ の熱伝導率は実際に測定し、1 W/(m·K) とした。結果を図 5-6 に示すが、SiN$_x$ の中心部の温度は十分に冷却され、90℃程度になった。Bi$_2$Te$_3$ と SiN$_x$ の熱伝導率は共に同じ値として計算していることもあり、Bi$_2$Te$_3$ の膜厚は SiN$_x$ の膜厚の 1/10 程度しかないことから、SiN$_x$ 薄膜上にどのようなパターンで Bi$_2$Te$_3$ 薄膜を生成しても温度分布に変化は見られなかった。

　このように得られた温度分布から熱電薄膜の両端に生じる温度差がわかるため、そこから生じる電圧差を合計してプロットしたものが図 5-5 における直線である。この計算では、ジュール発熱やペルチェ吸熱などを考慮しない熱伝導計算であるが、kΩ オーダーの電気抵抗をもつ熱電モジュールに mV オーダーの電圧をかけても μA レベルの電流しか流れないため、細かい計算が必要なかった。素子のサイズが大きい場合は、流れる電流も増え、生じる電圧差も大きくなる場合は、ジュール発熱や

○第5章　熱電発電計算例

ペルチェ吸熱を熱設計でも無視できなくなる可能性があり、あらかじめオーダーは見ておく必要はある。

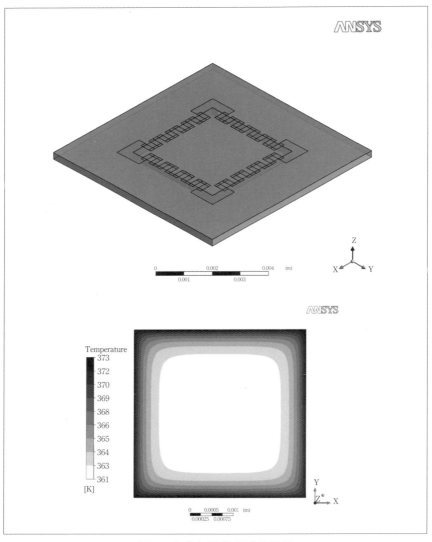

〔図 5-6〕熱伝導数値計算結果

このような4 mm×4 mm程度のサイズでは、nWオーダーしか発電しないことがわかり、さらに発電出力を上げるためには、熱電素子部分の体積を増やす以外にないと考えた。図5-7に出力を縦軸、熱電モジュールの熱電材料部分の体積を横軸にしてプロットしたグラフを示す。式(1.4)でも触れたが、体積に比例して出力が増加していることがわかる。おおよそ10℃の温度差で1μWを発電できれば、エネルギーハーベスティングにおける多くの応用が期待できる。通常のin-plane型であれば、おおよそmm^{3}程度の体積が必要であることも実験結果から読み取れる。一方で温度差が生じる部分の熱電材料の充填率を高めるなどの形状の工夫を行えば、図中実線を点線まで押し上げることも可能性として残されている。そこで次のような積層型熱電モジュールを考えた。

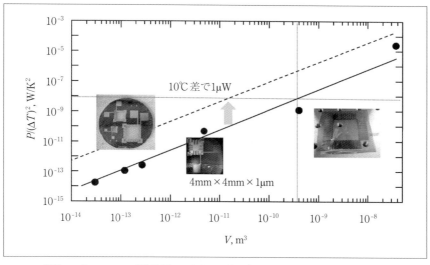

〔図 5-7〕in-plane 型熱電マイクロジェネレーターの出力とサイズ

5－2　積層薄膜型熱電モジュール

　In-plane 型熱電モジュールであっても、基本的には p-n 対が P の字状に繋がれている P 型モジュールとなっている場合、図 5-7 に示しているラインを大きく変えることは難しいと考えて、図 5-8 のような底面を n 型、絶縁層を挟んで、その上を p 型で覆うような積層薄膜型熱電モジュールを考えた。外部電極が n 型熱電薄膜に繋がり、中心部だけ穴の開いた絶縁膜がその上にかぶさり、中心部で n 型薄膜とつながっている p 型熱電薄膜が外側へ出て、電極とつながる 3 層構造で p-n 一対を構成する。図 5-9 に試作した 1 層熱電薄膜と実験装置全体を示す。SiN_x の自立膜上を全面熱電半導体 Bi_2Te_3 で覆って試作し、その発電量を測定した。図 5-10 に測定結果を示す。横軸温度は、加熱された基板温度であり、縦軸は発電量である。先ほどのモジュールが数 nW レベルだった結果に対して、たったの 1 層で 150 nW 程度発電できている。p-n 対を作製して生じる接触抵抗が 1 層の薄膜では完全に生じないことから、電気抵抗を大幅に減らして電流を大きくすることができたのが要因である（モジュー

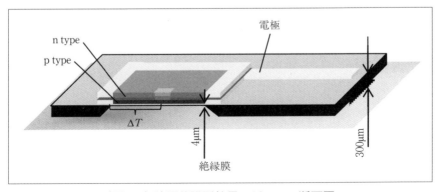

〔図 5-8〕積層薄膜型熱電モジュール断面図

ル抵抗530Ω)。実際に作製すると、絶縁膜部分の作製が技術的に難しく、設計以上の電圧差が稼げないことが原因であるが、60 nW 程度まで出力を得ることができた[5-2]。不完全な形でも従来のin-plane型熱電モジュールの出力を10倍改善できており、優れた構造と考えている。

さらに出力を高めるためには、p-n積層構造を繰り返し上へ積み上げていく設計が考えられる。ただし、熱電材料はもともと熱伝導率が低い

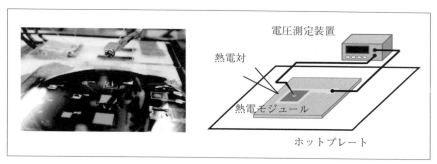

〔図5-9〕1層熱電薄膜（左）と実験装置概略（右）

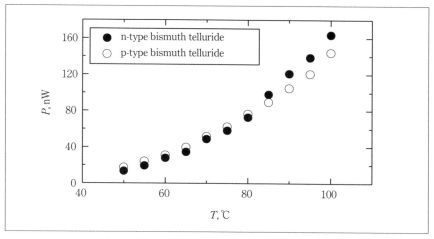

〔図5-10〕熱電薄膜1層の発電出力測定結果

○第5章 熱電発電計算例

材料であるため、上面を積み上げることは冷却されるべき下面のp-n対の冷却が難しくなる。数値計算モデルと計算結果（3層の温度分布）を図5-11に示す。デバイスの底面が先ほど同様100℃で加熱されていることを仮定した。p-n対が1層しかない場合、薄膜の周辺部と中心部との温度差は、9.5℃と計算された。Bi_2Te_3の熱電特性を使うと内部抵抗50Ω、出力は40 nWと計算された。p-n対を積層上に積み上げて2層としたときに、出力が80 nWとなることを期待したが、数値計算からは単純な結果が期待できないことが明らかとなった。2層にした場合、1層目のp-n対で得られる温度差が6.4℃、直接冷却される2層目のp-n対で得られる温度差が6.5℃となった。低い熱伝導率をもつ材料で1層目を覆うことになるため、中心部が期待通りに冷却されない結果となった。温度差が小さくなったため、p-n対が増えても出力電圧が2倍にならず、一方で電気抵抗は100Ωと倍になるので、それらの効果が相殺されて、出力電力は38 nWと1層のみのデバイスとほぼ変わらない結

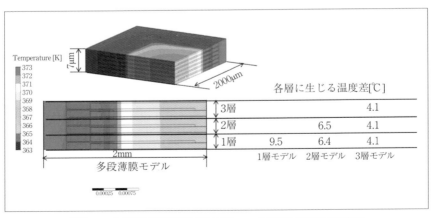

〔図5-11〕積層薄膜型熱電モジュール温度分布計算結果

- 122 -

果が得られた。さらに3層になると、断熱効果が顕著となり、1層目も2層目も3層目も周辺部と中心部で生じる温度差は4.1℃となった。その結果、さらに出力電圧も低下し、結果として得られた出力電力は23 nWとなり、積層することによって出力が増加するどころか減少する計算結果が得られた。

　このように一見優れた熱電モジュール設計のように見えても、実際の値を入れて計算しなければ、予測が難しい構造もあるため、注意が必要である。

5-3 熱電薄膜モジュールにおけるふく射熱輸送の影響

　先の積層薄膜型熱電モジュールの出力向上を目的に、空気による強制対流冷却に加えて、ふく射伝熱による冷却を考えた。ふく射伝熱はサイズに関係なく単位面積あたりの放熱量が変わらないことから、サイズが小さくなればなるほど相対的に冷却効果が大きくなるものと考えられる。これまでの数値計算では、空気の強制対流として 15 W/(m²·K) 程度の熱伝達率を使ってきたが、式 (2.35) によればふく射伝熱による冷却は 6 W/(m²·K) であることから、数値計算では空気の強制対流冷却量を 5 W/(m²·K) まで減らして、ふく射伝熱による影響を調べることとした（図 5-12）。数値解析ソフトには COMSOL Multi-physics を用いた。ANSYS でも、どのソフトウェアでもふく射と対流、熱伝導のすべてを考慮する伝熱計算は可能である。それぞれ構造のサイズは、先の積層薄膜型熱電モジュールと同じであり、概略を図 5-13 に示す。熱物性は、基板に Si、熱電材料に Bi_2Te_3、p 型 Bi_2Te_3 と n 型 Bi_2Te_3 の中間に入る絶縁層としてポリイミド薄膜を想定して計算を進めた。室温 20℃ に対して、熱電モジュール底

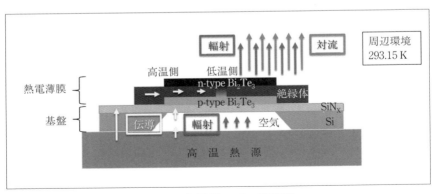

〔図 5-12〕計算モデル概略図

面を 30℃、100℃、170℃と加熱することを考えた。

数値解析によって得られた熱電モジュールの表面温度分布を図 5-14 に示す。実験結果をよく説明する 16 W/(m²·K) より低い熱伝達率 5 W/(m²·K) が計算で用いられているので、実験結果よりも中心部と周辺部の温度差が小さくなっていることには注意が必要である。熱電モジュールの表面の放射率 ε が 0.5 と仮定した計算では、30℃程度の加熱では、0.1℃程度の温度差しか付かないが、100℃ぐらいまで熱電モジュールを加熱すると 1℃、さらに 170℃まで加熱すると 2.8℃まで温度差が付く結果が得られ、おおよそ加熱面と室温の温度差と熱電薄膜の中央と周辺に

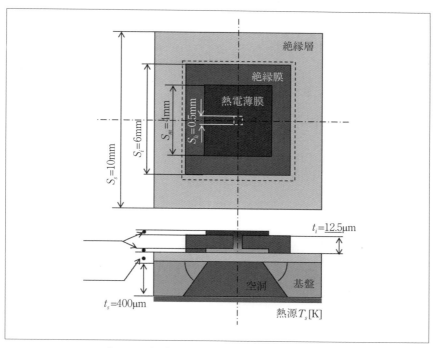

〔図 5-13〕積層薄膜型熱電モジュール形状

○第5章　熱電発電計算例

付く温度差が比例していることがわかる。さらに170℃ではふく射伝熱の影響が予測通り顕著であり、熱電薄膜の放射率 $\varepsilon=1$ とすると4℃を超える温度差となることがわかり、空気の弱い対流冷却下ではふく射伝熱の影響は無視できないことがわかる。

　次にふく射伝熱の熱電デバイスに与える影響の詳細を調べるため、加熱温度を100℃と固定して、熱電モジュールの薄膜裏面（加熱面側）のふく射率を変えて計算し、加熱面からふく射伝熱で直接熱電薄膜に輸送される熱の温度分布に与える影響について考察した。図5-12に示すように、高温熱源の上には空気を挟んでp-n対からなる熱電薄膜が存在す

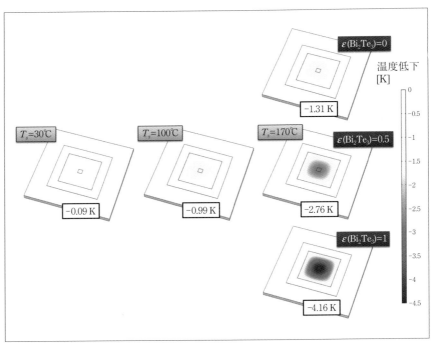

〔図5-14〕熱電モジュール温度分布計算結果

る。空気の熱伝導率は 0.02 W/(m・K) 程度であり、非常に良い断熱材と考えられることから、高温熱源で熱電薄膜が直接加熱されることは考えにくいが、ふく射伝熱による熱輸送をカットするならば、熱電薄膜裏面（加熱面側のキャビティを向く面）のふく射率は低いほうがよい。計算結果、図 5-15 からは裏面側のふく射率の違いで最大 0.3℃程度異なる温度差が計算された。熱電薄膜の表面側のふく射率が温度差に与える影響と比較すると微々たるものであるが、裏面は薄い金属薄膜を蒸着するなど、それなりに工夫したほうが特性を高められることがわかった。最後に数値計算から得られる表面の熱流束を図 5-16 に示す。どの数値計算

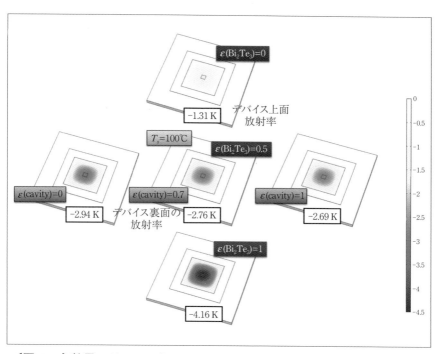

〔図 5-15〕熱電モジュール裏面のふく射伝熱の有無とモジュール内の温度差

○第5章　熱電発電計算例

も大雑把には 1,000 W/m² 程度の熱流束で熱電モジュールが冷却されていることがわかる。4 mm×4 mm の面積であることから、16 mW 程度の熱が冷却で奪われていることから、熱電モジュールを同量の熱エネルギーが流れていると概算できる。熱電薄膜と窒化膜の膜厚比から、全体の 1/100 程度の熱 140 μW が熱電材料を流れる。ZT など入れておおよそ 1% 程度で熱から電気に変換されていると仮定すれば、1.4 μW の発電が期待でき、これは図 5-10 の実験結果をおおよそ説明するものである。

改めて、熱輸送計算だけでも熱電モジュールの出力を予測できる上、

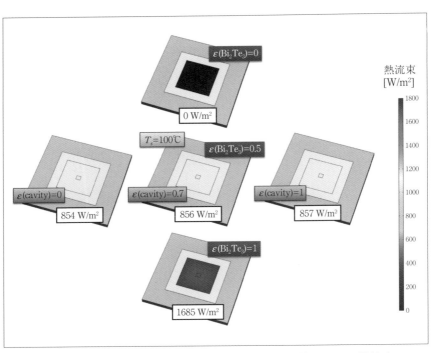

〔図 5-16〕薄膜型熱電モジュール表面から空気へ輸送される熱流束

実際の値を入れないとデバイスの温度挙動もわかりにくいのが実際である。近年は難しい式を解かずとも、数値計算でおおよその設計が可能なので、大きな手間をかけてモジュールを試作する前に簡単な数値計算を実施することも考慮すべきである。

○第5章 熱電発電計算例

5－4 熱電モジュール形状

　熱電発電モジュールの一般的な形状は、図2-6に示したΠ型熱電モジュールとなる。高温面に設置し、片面を冷却すれば、誰でも発電に利用できる完成系とも言える形状で、市場にも既に出回っている。一方で、フレキシブル性がないことや小型化が難しいことなど欠点もあり、本章で紹介したような小型デバイスが開発されている。ここでは、よく知られている熱電デバイス形状について紹介し、一般的な形状を知ることを目的とする。様々な形状を知ることで熱電発電デバイスの新たな形状提案につなげてもらいたい。

　図5-17は薄膜熱電モジュールを作製した後、巻くことで上下面の温度差を発電に利用しようとする形状である。薄膜は印刷技術などでコストを抑えて作製することも可能なため、熱電モジュールの低コスト化を目指す形状として期待できる。ただし、フレキシブルな形状を巻くことでフレキシブル性を失う使い方をしている欠点も挙げられる。

　図5-18は薄膜の機械的強度の弱さを補うために基板側に凹凸を付け

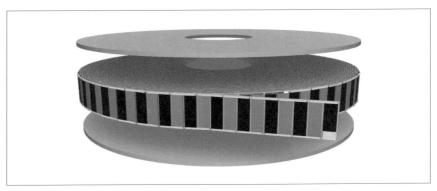

〔図5-17〕巻き線型熱電モジュール

て、上下面で強く薄膜を挟んでも壊れない構造にしている[5-3]。上下面の温度差を水平方向にとるアイデアとしては、図 5-19 の形状に近い。

　図 5-19 も温度差のある上下面の間に挟んで、発電は横方向に行う形状である[5-4]。本章で計算を進めてきた自立膜型の熱電モジュールでは機械的な特性が弱すぎて、このような利用は期待できない。この図 5-19 に示す伝熱面付きのモジュールは、基板に有機材料を用いれば、容易にフレキシブル性を付加できるため、加熱面形状がパイプなど局面になっても容易に適用できる利点が挙げられる。ただし、材料の熱伝導率はもちろんのこと、各層の膜厚や長さなど設計が複雑となり、詳しい数値解析も必要とされる。

　図 5-20 はトランスバース型と呼ばれる形状の熱電モジュールで、熱応力によるモジュールの破壊を防ぐことが目的となっている[5-5]。Π 型

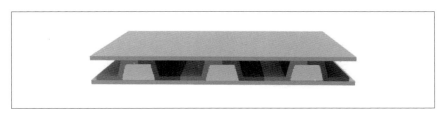

〔図 5-18〕台座付き熱電モジュール

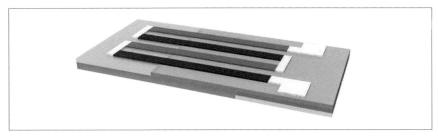

〔図 5-19〕伝熱面付き熱電モジュール

モジュールであれば、加熱面と冷却面の間に熱電材料が挟まれる形になり、直接熱応力を受ける形になるが、トランスバース型では上下面で強く抑えても、熱膨張は横に逃げる仕組みになっている。自動車の排熱回収などで開発が進められた形状である。

このような特殊な熱電モジュール形状は特許申請や論文で見つけることができる。近年はカーボンナノチューブやSiナノワイヤーといったナノテク先端材料を用いた特性の高い熱電モジュールも研究されるようになっており、その形状は作製も可能なようにかなり工夫されている。研究者や技術者だけでなく、高校生や大学生など様々な人によって、応用とモジュール作製の両面から最適な形状が提案され、オリジナリティーあふれるモジュールが提案されることを期待したい。本教科書で説明してきた伝熱計算がその一助になれば幸いである。

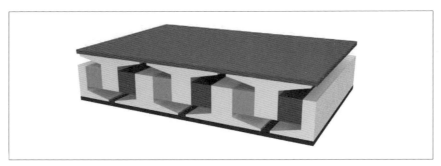

〔図5-20〕トランスバース型熱電モジュール

謝辞

　本章での COMSOL Multiphysics を用いた熱計算は、みずほ情報総研の谷村直樹博士によって行われた。記して謝意を表する。

○第5章　熱電発電計算例

参考文献

5-1）J. Kurosaki et al., J. Electronic Mater., Vol. 38, No.7, 1326（2009）.

5-2）A. Yamamot et al., J. Electronic Mater., Vol. 41, No.6, 1799（2012）.

5-3）吉田隆ら、薄膜熱電半導体装置およびその製造方法、特開 2005-259944（2004）.

5-4）武田雅敏、佐藤直之、熱電変換素子、特許第 3981738 号（2007）.

5-5）D.T. Crane, , J. Electronic Mater., Vol. 40, No.5, 561（2011）.

第6章

追補

まえがきにコンピューター廃熱から熱電モジュールを使って発電する高校生コンテストが開催されていることについて触れたが、本文中で一度も触れなかったため、追補の形で考察を加えた。審査員として参加し、アイデアの中で興味深い例があったので熱抵抗を使って、大雑把に見積もってみたい。あくまで見積もりなので、何かの参考になれば幸いである。

・モジュールの2枚重ね
　CPUの廃熱を図6-1のように熱電モジュールを2枚重ねて使うことで、出力を多く稼ぐアイデアが見られた。それぞれの値には大きな仮定が入るが、どのようなことが起こっているか、本書で得た熱抵抗の知識を使って考察する。

・熱抵抗モデル
　図6-2に示すようにCPU周りの熱抵抗をモデル化した。インターネットな

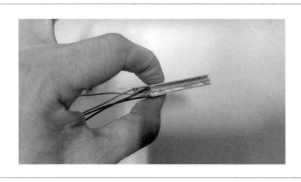

〔図6-1〕熱電モジュール2枚重ね

○第6章　追補

どでもある程度の値が手に入るが、CPU クーラー（ファン付きフィン）の熱抵抗を 0.2 K/W とした。熱伝達率 h、表面積 A の熱抵抗は $1/hA$ K/W として計算できる。例えば、熱伝達率 $h = 100$ W/(m^2·K) で表面積 $A = 4$ cm × 4 cm であれば、熱伝達の熱抵抗は $1/hA$ であるから、$1/(100$ W/(m^2·K) × 0.04 m × 0.04 m$) = 6.25$ W/K となる。得られる CPU クーラーの冷却性能やフィンの表面積から熱抵抗を計算する以外にないが、現在、高性能のもので 0.2 K/W 程度のものが市販されている。CPU の発熱は 50 W とし、その熱すべてが CPU クーラーから抜けるのは、やや現実離れしているので、大雑把に 1/10 程度の熱がふく射やボードへの熱伝導などで漏れていると仮定し、2 K/W として熱の漏れを考えた。この熱の漏れは、温度依存性などがあるかもしれないが、あくまでモデル化である。CPU クーラーの冷却性能（熱抵抗）、

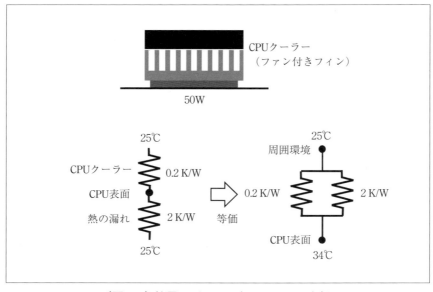

〔図 6-2〕熱電モジュール無しの CPU 冷却

熱の漏れなどは、赤外線カメラなどで作動中のコンピューターを撮影して調べてみるのも興味深いと思われる。本書2章で熱電モジュールの熱抵抗は、およそ4 K/Wと計算した。実際のモジュールは2章で仮定したような3 mm×3 mmの領域に1 mm×1 mmの熱電素子が設置されるスカスカの構造はあり得ず、かなり高い密度で熱電材料が並べられているので熱抵抗はもっと低い。いろいろな製品のカタログ値を調べると、非常に小さい熱抵抗のモジュールで1 K/Wというものも存在する。ここではやや性能のよい熱電モジュールを購入したと仮定して1.5 K/Wとする。他条件として、周辺の環境温度を25℃とした。冬であればもっと低いであろうし、夏であれば高いと思われるが、あくまでモデルである。

練習として、図6-2に熱電モジュールをCPUに設置していない、通常のCPUの状況を示す。図の熱回路から、周辺温度25℃のときのCPU表面の温度を計算する。熱回路図で左側の回路は一見直列に見えるものの、両端が環境温度となっているので、右側の熱回路図のように並列回路で書き直せる。熱抵抗は、

$$\frac{1}{R_{total}} = \frac{1}{0.2} + \frac{1}{2} = 5.5, R_{total} = 0.181 K/W \quad \cdots\cdots\cdots\cdots\cdots \quad (6.1)$$

と計算される。50 Wの熱が流れているので、熱抵抗の式 $\Delta T = Q \times R$ に値を代入すると、ΔT は9.1 Kと計算される。すなわちCPU表面は環境温度25℃より9.1 K（=9.1℃）高い34℃程度と見積もれる。もし34℃が低すぎれば、熱の漏れを大きく見積もり過ぎているか、もしくはCPUクーラーの性能を大きく見積もり過ぎていることになる。ちなみに温度差と並列回路のそれぞれの熱抵抗がわかっているので、9.1℃ /(0.2 K/W(℃ /W))=45.5 Wで

- 139 -

CPU クーラーから 45.5 W 冷却されており、9.1/2=4.5 W がどこかへ熱が漏れている計算になっている。是非、実験で精密なモデル化にチャレンジして欲しい。

・**熱電モジュールを設置した熱抵抗モデル**

先ほどの仮定のもと、図 6-3 のように CPU クーラーと CPU の間に熱電モジュールを挟んだ状況を考える。CPU クーラーと熱電モジュールとが直列で繋がり、熱の漏れが並列となっている。

$$\frac{1}{R_{total}} = \frac{1}{0.2+1.5} + \frac{1}{2} = 1.09, R_{total} = 0.92\,K/W \quad \cdots\cdots\cdots\cdots \quad (6.2)$$

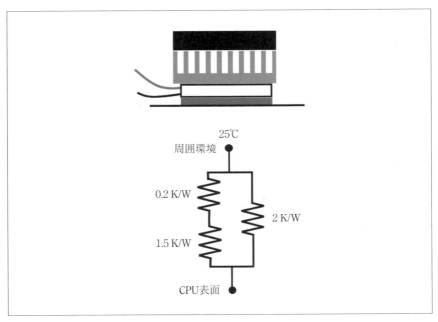

〔図 6-3〕熱電モジュール 1 枚設置

と計算される。従って 50 W の熱が流れると $\Delta T = 50 \times 0.92 = 46$ K 上昇する。CPU 表面温度は、環境温度 25℃よりも 46℃高い 71℃になると計算される。熱電モジュールと CPU クーラー側の熱抵抗は 1.7 K/W であるから 46/1.7 = 27 W の熱が流れ、周辺部へは 23 W の熱が漏れていることになる。2 章で熱電モジュールの効率を 1% 程度としたが、27 W × 1% で 0.27 W 発電できると見積もることができる。ミニ四駆などのプラモデルのモーター車が数 W なので、この見積もりもそれほど悪くないと思われる。

　計算が慣れてきたところで、本題の 2 枚重ねを考える。CPU クーラーと熱電モジュール側の熱抵抗は、0.2+1.5+1.5 = 3.2 K/W であり、それが周辺への熱の漏れ 2 K/W と並列であるから、総熱抵抗は

$$\frac{1}{R_{total}} = \frac{1}{3.2} + \frac{1}{2} = 0.81, R_{total} = 1.23\,K/W \quad\cdots\cdots\cdots\cdots\cdots \quad (6.3)$$

となる。50 W の熱が流れているので、CPU 表面温度は環境温度より $50 \times 1.23 = 61.5$K 高く、86.5℃となる。

　この時、CPU クーラーと熱電モジュール側には、61.5/1.23 = 19.2 W 流れ、周辺には 61.5/2 = 30.8 W の熱が漏れている。先ほどと同様に熱電モジュールの発電効率を 1% とすると、19.2 W × 1% × 2 枚 = 0.38 W となり、確かに 1 枚のモジュールより、発電量を上げることが可能なことがわかる。ただし、熱伝導率の低い断熱材を冷却部に置いているので、CPU から周辺への熱の漏れも増えており、結果、2 倍の出力まで得られていないこともわかる。

　同様の計算なので 3 枚重ねについては図と詳細を省くが、全熱抵抗が 1.4 K/W。温度上昇 $\Delta T = 70$℃、従って CPU 表面温度は 95℃となる。熱

- 141 -

電モジュール側の熱抵抗は、4.7 K/W で 70/4.7＝14.9 W が熱電モジュール側を流れる。発電量は 14.9 W×1％×3 枚＝0.45 W となり、モジュールを増やした効果が薄れることがわかる。コンテストでは、CPU が正常動作することが必須であり、CPU 表面温度の上昇も気になるところである。さらに高性能な CPU クーラーはもちろんのこと、圧倒的な冷却性能をもつ水冷を使う、液体窒素の利用もルール範囲内であれば勧めたい。他、熱伝導率の低い熱電モジュールを重ねるよりは、熱伝導率の高い銅板などで加熱面積を広げて（ヒートスプレッダー）、熱電モジュ

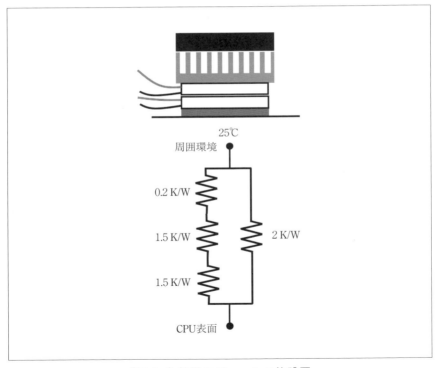

〔図 6-4〕熱電モジュール 2 枚設置

ールを横に設置し、冷却面積の大きい冷却クーラーを置いたほうがよいことも見えてくる。上記のアイデアは一例で、是非、熱抵抗モデルを駆使して、高出力な発電システムを提案して頂きたい。熱抵抗モデルの構築には慣れが必要である。様々な教科書[6-1]があるが、それらで例題をこなすことを強く勧める。

蛇足となるが、モーターのトルクもしくは回転数とモーターの抵抗の関係を知っておく必要がある。モーターの抵抗は回転数とトルクで変化する。第4章で触れたが、熱電モジュールの電気抵抗とモーターの抵抗が等しい時が一番出力を稼げる状態になる。コンテストでは発電した電気でモーター車を動かし、一定時間内に進んだ距離と積んだ荷物の積を競うことになるが、積んだ荷物の量でモーターにかかるトルクを調整し、モーターの抵抗と熱電モジュールの電気抵抗を同じにすることは、熱設計とは別に大切な事である。MPPT（最大電力点追従制御）など電気回路側の工夫もあるので、本書では触れなかった電子回路の知識も熱電発電技術では重要である。

○第6章　追補

参考文献

6-1) 石塚勝、実践 熱シミュレーションと設計法、科学情報出版 (2015).

索引

アルファベット

CPU クーラー ・・・・・・・・・・・・・・・・・・・・・138
Cross-plane ・・・・・・・・・・・・・・・・・・・・84, 99
in-plane ・・・・・・・・・・・・・・・・・・・・100, 112
LU 分解 ・・・・・・・・・・・・・・・・・・・・・・・・・58
n 型半導体 ・・・・・・・・・・・・・・・・・・・・・・4, 9
PECVD ・・・・・・・・・・・・・・・・・・・・・・・・113
p 型半導体 ・・・・・・・・・・・・・・・・・・・・・・・・4
RIE ドライエッチング ・・・・・・・・・・・・・・・・114

あ行

陰解法 ・・・・・・・・・・・・・・・・・・・・・・・54, 63
運動量拡散 ・・・・・・・・・・・・・・・・・・・・24, 68
エクセルギー率 ・・・・・・・・・・・・・・・・・・・106
エネルギーハーベスティング ・・・・・・・Ⅲ, 6, 20, 100
エネルギー保存 ・・・・・・・・・・・・・・22, 33, 71
オームの式 ・・・・・・・・・・・・・・・・・・・・・・・13
オームの法則 ・・・・・・・・・・・・・・・・・・・13, 28
温度浸透深さ ・・・・・・・・・・・・・・・14, 26, 57
温度伝播率 ・・・・・・・・・・・・・・・・・24, 48, 79

か行

回転数 ・・・・・・・・・・・・・・・・・・・・・・・・・143
逆行列 ・・・・・・・・・・・・・・・・・・・・・・・・・・57
キャリア ・・・・・・・・・・・・・・・・・・・・・・・3, 9
境界条件 ・・・・・・・・・・・・・・・・・・・・・・・・24
境界層厚さ ・・・・・・・・・・・・・・・・・・・・67, 79
境界層近似 ・・・・・・・・・・・・・・・・・・・・47, 66
強制対流熱伝達 ・・・・・・・・・・・・・・・・・・・・66
行列 ・・・・・・・・・・・・・・・・・・・・・・・・・・・57
局所 ・・・・・・・・・・・・・・・・・・・・・・・・・・・39
クーラン数 ・・・・・・・・・・・・・・・・・・・・・・・57
形態係数 ・・・・・・・・・・・・・・・・・・・・・・・・40
黒体 ・・・・・・・・・・・・・・・・・・・・・・・・・・・40
誤差関数 ・・・・・・・・・・・・・・・・・・・・・・・・26

さ行

サイズ効果 ・・・・・・・・・・・・・・・・・6, 15, 116
最大電力点追従制御 ・・・・・・・・・・・・・・・・143
差分化 ・・・・・・・・・・・・・・・・・・・・・・47, 54
3 重対角行列（TDMA） ・・・・・・・・・・・・・・58
次元解析 ・・・・・・・・・・・・・・・・・・・・・・・・36

シ行

シャドウマスク ・・・・・・・・・・・・・・・・・・・114
ジュール発熱 ・・・・・・・・・・・・・・・・・・86, 95
初期条件 ・・・・・・・・・・・・・・・・・・・・・・・・25
自立膜 ・・・・・・・・・・・・・・・・・・・・114, 120
スタッガード格子 ・・・・・・・・・・・・・・・・・・・59
ステファンボルツマン定数 ・・・・・・・・・・・・・40
ゼーベック係数 ・・・・・・・・・・・・・・・3, 10, 92
積層型熱電モジュール ・・・・・・・・・・・・・・・119
絶縁体 ・・・・・・・・・・・・・・・・・・・・・・・・・11
接触抵抗 ・・・・・・・・・・・・・・・・・・・14, 120
接触電気抵抗 ・・・・・・・・・・・・・・・・・・・116
速度ポテンシャル ・・・・・・・・・・・・・・・・・・75

た行

代表速度 ・・・・・・・・・・・・・・・・・・・・・・・・35
代表長さ ・・・・・・・・・・・・・・・・・・・・・・・・35
対流熱伝達 ・・・・・・・・・・・・・・・・・・・33, 66
直列モデル ・・・・・・・・・・・・・・・・・・・・・・28
定常状態 ・・・・・・・・・・・・・・・・・・・・28, 66
テイラー展開 ・・・・・・・・・・・・・・・・・・・・・50
電気抵抗 ・・・・・・・・・・・・・・・・・・・・・3, 96
電磁波 ・・・・・・・・・・・・・・・・・・・・・・20, 40
伝電帯 ・・・・・・・・・・・・・・・・・・・・・・・・・・9
伝熱工学 ・・・・・・・・・・・・・・・・・・6, 33, 100
導電度 ・・・・・・・・・・・・・・・・・・・・・・・3, 11
動粘度 ・・・・・・・・・・・・・・・・・・・・・・24, 39
トルク ・・・・・・・・・・・・・・・・・・・・・・・・・143

な行

流れ関数 ・・・・・・・・・・・・・・・・・・・・・・・・69
ナビエストークス方程式 ・・・・・・・・・・・・・・47
ヌセルト数 ・・・・・・・・・・・・・・・・・・・・・・・38
熱エネルギー ・・・・・・・・・・・・・・・・・・・・・19
熱拡散率 ・・・・・・・・・・・・・・・・・・・・24, 26
熱工学 ・・・・・・・・・・・・・・・・・・・・・・・・・19
熱コンダクタンス ・・・・・・・・・・・・・・・・・・96
熱対流 ・・・・・・・・・・・・・・・・・・・・・・20, 35
熱抵抗 ・・・・・・・・・・・・・・・・・・・28, 31, 137
熱抵抗モデル ・・・・・・・・・・・・・・28, 137, 140
熱電素子 ・・・・・・・・・・・・・・・・・30, 86, 100
熱伝達率 ・・・・・・・・・・・・・・・・・・・・・・・・33
熱伝導 ・・・・・・・・・・・・・・・・・・・・3, 20, 48
熱伝導方程式 ・・・・・・・・・・・・・・・・・・・・・22
熱伝導率 ・・・・・・・・・・・・・・・・・・・3, 21, 23
熱電特性 ・・・・・・・・・・・・・・・・・・・・3, 122
熱電モジュール ・・・・・28, 84, 112, 115, 120, 130, 140

－ 146 －

熱容量 ・・・・・・・・・・・・・・・・・・・・・・・・・・・・22		
熱流束 ・・・・・・・・・・・・・・・・・・・・・3, 21, 127		
粘性係数 ・・・・・・・・・・・・・・・・・・・・・・・・・36		
粘性流れ ・・・・・・・・・・・・・・・・・・・・・・・・・24		

は行

ハーマン法 ・・・・・・・・・・・・・・・・・・・・・・12
灰色体近似 ・・・・・・・・・・・・・・・・・・・・・・42
II型熱電発電モジュール ・・・・・・・・・・・・・100
II型モジュール ・・・・・・・・・・・・・・・・・・・84
ハイスラー線図 ・・・・・・・・・・・・・・・・・・・24
発散 ・・・・・・・・・・・・・・・・・・・・・・・56, 63
発電効率 ・・・・・・・・・・・・・・・・・・・87, 105
半無限体の非定常問題 ・・・・・・・・・・・・・・・25
半導体 ・・・・・・・・・・・・・・・・・・・・・・・・・9
ヒートスプレッダー ・・・・・・・・・・・・・・・・142
非定常熱伝導 ・・・・・・・・・・・・・・・14, 26, 48
比熱 ・・・・・・・・・・・・・・・・・・・・・・・19, 37
フーリエ級数展開 ・・・・・・・・・・・・・・・・・24
フーリエの式 ・・・・・・・・・・・・・・・・・・21, 28
フーリエの法則 ・・・・・・・・・・・・・・・・・・・21
フェルミレベル ・・・・・・・・・・・・・・・・・・・9
ふく射 ・・・・・・・・・・・・・・・・・・・・・・・・20
ふく射伝熱 ・・・・・・・・・・・・・・・・・・・20, 40
物質拡散 ・・・・・・・・・・・・・・・・・・・・・・・24
物質拡散定数 ・・・・・・・・・・・・・・・・・・・・24
沸騰伝熱 ・・・・・・・・・・・・・・・・・・・・・・・98
沸騰冷却 ・・・・・・・・・・・・・・・・・・・・・・・6
ブラジウスの解 ・・・・・・・・・・・・・・・・・・・71
プラントル数 ・・・・・・・・・・・・・・・・・・38, 72
並列モデル ・・・・・・・・・・・・・・・・・・・・・28
ペルチェ吸熱 ・・・・・・・・・・・・・10, 86, 117
ペルチェ係数 ・・・・・・・・・・・・・・・・・・・・10
ペルチェ効果 ・・・・・・・・・・・・・・・・・・15, 86
ペルチェ冷却 ・・・・・・・・・・・・・・・・・・・・9
放射率 ・・・・・・・・・・・・・・・・・・・・・40, 125
放物型微分方程式 ・・・・・・・・・・・・・・・・・24
ポールハウゼンの解 ・・・・・・・・・・・・・・・・73

ま行

マイクロ熱電ジェネレーター ・・・・・・・・・・111
摩擦力 ・・・・・・・・・・・・・・・・・・・・・・・・36
密度 ・・・・・・・・・・・・・・・・・・22, 36, 139
無次元圧力 ・・・・・・・・・・・・・・・・・・・・・35
無次元温度 ・・・・・・・・・・・・・・・・・・・26, 48
無次元時間 ・・・・・・・・・・・・・・・・・・・・・48

無次元数 ・・・・・・・・・・・・・・・・・・・34, 36	
無次元性能指数 ・・・・・・・・・・・・・・・・9, 12	
無次元速度 ・・・・・・・・・・・・・・・・・・・・35	
無次元化長さ ・・・・・・・・・・・・・・・・・35, 48	

や行

輸送係数 ・・・・・・・・・・・・・・・・・・・・・・40
陽解法 ・・・・・・・・・・・・・・・・・・・・・・・・54

ら行

ラプラス変換 ・・・・・・・・・・・・・・・・・・・・24
リフトオフ ・・・・・・・・・・・・・・・・・・・・114
レイノルズ数 ・・・・・・・・・・・・・・・・・34, 38

○ 著者紹介

■ 著者紹介 ■

宮崎 康次（みやざき こうじ）

　1972 年神奈川県生まれ。1999 年東京工業大学理工学研究科機械物理工学専攻博士後期課程修了。博士（工学）。1999 年九州工業大学機械知能工学科講師、2000 年同大学生命体工学研究科助教授、2008 年同大学機械知能工学研究系准教授、2011 年教授。2000 年 UCLA 客員研究員、2001 年 MIT 客員研究員。専門は熱工学。熱電変換。日本機械学会フェロー。日本熱電学会、日本伝熱学会、日本熱物性学会、応用物理学会、電気学会各会員。

●ISBN 978-4-904774-01-4

群馬大学　鳶島　真一　著

設計技術シリーズ

次世代自動車用
リチウムイオン電池の設計法

本体 2,600 円＋税

第1章　電池の基礎とリチウムイオン電池の概要
1. 電池の基礎と電気化学反応
   - 1-1 電池の定義と基本構成
   - 1-2 電池の動作原理とエネルギー
   - 1-3 電池の取得電流と電極反応速度
2. 市販二次電池の基本特性
   - 2-1 リチウムイオン電池の動作原理と特徴
   - 2-2 市販二次電池の特性比較
     - 2-2-1 電圧
     - 2-2-2 容量とエネルギー
     - 2-2-3 出力と充電時間
     - 2-2-4 充放電寿命
     - 2-2-5 保存特性
     - 2-2-6 コスト
     - 2-2-7 安全性
     - 2-2-8 廃棄・リサイクル
3. リチウムイオン電池実用化の歴史的経緯
   - 3-1 市販二次電池実用化の歴史
   - 3-2 リチウム金属二次電池の研究開発
   - 3-3 リチウムイオン電池の実用化
   - 3-4 リチウムイオン電池の歴史的変遷
4. 市販リチウムイオン電池の構成
   - 4-1 電池構造
   - 4-2 組電池(電池パック)と市販リチウムイオン電池の安全性確保策
   - 4-3 リチウムイオン電池の充電方法と過充電対策
5. 電池の適用用途と組電池構成
   - 5-1 小型電池技術の電気自動車用電池への展開
   - 5-2 大型組電池構成方法の考え方

第2章　リチウムイオン電池搭載電気自動車の現状と今後の開発動向
1. 日本製電気自動車実用化の歴史と搭載電池の変遷
   - 1-1 試作的電気自動車
   - 1-2 ニッケル水素電池系量販電気自動車の実用化
   - 1-3 リチウムイオン電池の少量生産車への適用
   - 1-4 量販電気自動車へのリチウムイオン電池の本格的搭載
     - 1-4-1 純電気自動車
     - 1-4-1 ハイブリッド車
2. 各国の電気自動車用電池開発の今後の展開
3. 電気自動車用電池のビジネス
   - 3-1 リチウムイオン電池の生産拠点
   - 3-2 電池のコスト
   - 3-3 リチウム資源
   - 3-4 自動車会社と電池製造会社
   - 3-5 電気自動車の電力貯蔵装置への再利用

第3章　電気自動車用リチウム電池材料の研究状況
1. 正極
   - 1-1 短期スパンの電気自動車用リチウムイオン電池の正極
     - 1-1-1 LiMn2O4 正極
     - 1-1-2 LiNi(Al-Co)O2 系正極
     - 1-1-3 Li(Ni-Co-Mn)O2 系正極
     - 1-1-4 LiFePO4 正極
   - 1-2 中長期スパンの電気自動車用リチウムイオン電池の正極
2. 負極
   - 2-1 リチウムイオン電池用新負極材料の研究動向
   - 2-2 高エネルギー密度電池用負極研究開発の歴史
3. 電解液
4. セパレータ
5. その他の電池構成材料
6. ポストリチウムイオン電池
7. リチウムイオン電池の性能劣化
   - 7-1 工業製品としてのリチウムイオン電池の性能劣化(一般論)
   - 7-2 性能劣化の要因
   - 7-3 充放電に伴う電池性能劣化と放電電圧曲線
   - 7-4 電池性能劣化評価方法
   - 7-5 容量劣化モニタ
   - 7-6 リチウムイオン電池の性能劣化解析の予備実験例

第4章　電気自動車用リチウムイオン二次電池の国際標準化と安全性・信頼性評価
1. リチウムイオン電池の安全性劣化機構と要因
2. 市販リチウムイオン電池の安全性確保策
3. リチウムイオン電池の安全性の現状
4. リチウムイオン電池の安全性評価ガイドライン
   - 4-1 モバイル用小型電池の安全性ガイドライン
   - 4-2 電気自動車用蓄電池の国際標準化、規制等
   - 4-3 電力貯蔵用蓄電池の標準化、規制等
5. リチウムイオン電池の安全性確保の考え方
6. 電池の安全性評価試験の例
7. 大型電池の安全性試験例
8. その他の電池大型化に伴う安全性の課題
9. 電池の安全性向上のための取り組み
   - 9-1 電池材料の開発
     - 9-1-1 正極
     - 9-1-2 負極
     - 9-1-3 電解液
10. 電気自動車用電池の安全性確保策
11. まとめ

第5章　電池設計と電池製造品質管理
1. 電池設計時の信頼性向上技術
   - 1-1 正負極容量バランス
   - 1-2 安全弁
   - 1-3 配線と保護回路設置位置
2. 電池製造時の信頼性向上技術
   - 2-1 使用部品、材料の受け入れ検査
   - 2-2 電極塗布工程
   - 2-3 電極切断工程
   - 2-4 電極巻き取り工程
   - 2-5 電極の電池缶への挿入工程
   - 2-6 電池蓋の取り付け工程
   - 2-7 注液工程
   - 2-8 電池封口工程
   - 2-9 電池の洗浄工程
   - 2-10 電池の充電工程
   - 2-11 電池のエイジング工程
   - 2-12 電池パック化工程
   - 2-13 その他
3. まとめ

発行／科学情報出版（株）

●ISBN 978-4-904774-44-1

同志社大学　合田 忠弘
九州大学　　庄山 正仁　監修

設計技術シリーズ

再生可能エネルギーにおけるコンバータ原理と設計法

本体 4,400 円＋税

2．1 配電電圧・電気方式
2．1．1 配電線路の電圧と配電方式／2．1．2 電圧降下
3．直流配電方式
3．1 直流送電／3．2 直流配電（給電）／3．3 直流配電（給電）による電圧降下／3．4 直流配電（給電）の利用拡大
3．4．1 直流方式の歴史と現在における直流応用／3．4．2 今日における直流応用／3．4．3 電気通信事業における直流給電
4．直流給電の最新動向
4．1 負荷設備の高電圧化／4．2 海外における通信用 380Vdc 給電方式の運用例／4．3 マイクログリッドにおける直流応用
5．直流システムにおける課題・留意事項
5．1 電力潮流変化と電源保護協調議論／5．2 直流アーク保護／5．3 定電力負荷特性による不安定現象／5．4 接地と感電保護／5．5 その他の課題
6．国際標準化の動向
6．1 直流電圧規格の区分
6．1．1 IEC 規格などにおける直流電圧の定義／6．1．2 日本国内における直流電圧の定義／6．1．3 米国内における直流電圧の定義
6．2 直流と安全性の関連について／6．3 制定・運用されている国際標準の一例
6．2．1 電気通信分野／6．3．2 情報システム分野
6．4 標準化機関、および関連団体における活動状況
6．4．1 IEC における活動／6．4．2 ITU および ETSI における活動／6．4．3 その他の国際標準化動向
7．まとめ
第4章　電力制御
1．MPPT 制御
1．1 山登り法／1．2 電圧追従法／1．3 その他の MPPT 制御法／1．4 部分影のある場合の MPPT 制御法／1．5 MPPT 制御の課題
2．双方向通信制御
2．1 はじめに／2．2 自律分散協調型の電力網「エネルギーインターネット」／2．3 自律分散協調型電力網の制御システム／2．4 自律分散協調制御システム階層と制御所要時間
第5章　安定化制御と低ノイズ化技術
1．系統安定化
1．1 系統連系される分散電源のインバータの制御方式／1．2 自立運転／1．3 仮想同期発電機
2．低ノイズ化技術
2．1 パワーエレクトロニクス回路と高周波スイッチング／2．2 スイッチングノイズの発生機構／2．3 低ノイズ化技術／2．4 ソフトスイッチングによる低ノイズ化技術／2．5 ノイズ等価回路による低ノイズ化技術／2．6 まとめ
第Ⅲ編　応用事例
第1章　電力向けの適用事例
1．次世代電力系統：スマートグリッド
1．1 スマートグリッドの概念／1．2 スマートグリッドの狙いとそのベネフィット／1．3 スマートグリッドの主要構成要素
1．3．1 スマートメーター／1．3．2 HEMS, BEMS／1．3．3 スマートハウス、スマートビルディング／1．3．3 分散型電源（再生可能エネルギー発電）／1．3．4 センサと ICT
1．3．4．1 センサ・制御装置およびネットワーク化／1．3．4．2 通信ネットワークおよび通信プロトコル／1．3．4．3 情報処理技術
1．4 スマートグリッドからスマートコミュニティへ
2．直流送電
2．1 他励式直流送電
2．1．1 他励式直流送電システムの構成／2．1．2 他励式直流送電システムの運転・制御／2．1．3 他励式直流送電の適用メリット／2．1．4 他励式直流送電の適用事例
2．2 自励式直流送電
2．2．1 自励式直流送電システムの構成／2．2．2 自励式直流送電システムの運転・制御／2．2．3 自励式直流送電の適用メリット／2．2．4 自励式直流送電の適用事例
3．FACTS
3．1 FACTS の概要／3．2 FACTS 制御／3．3 系統適用制御手法／3．4 電圧変動対策／3．5 定態安定度対策／3．6 電圧安定度対策／3．7 過渡安定度対策／3．8 過電圧制御対策／3．9 周辺外乱対策
4．配電系統用パワエレ機器
4．1 SVC
4．1．1 回路構成と動作特性／4．1．2 配電系統への適用
4．2 STATCOM
4．2．1 回路構成と動作特性／4．2．2 配電系統への適用
4．3 DVR／4．4 ループコントローラ／4．5 UPS
4．5．1 常時インバータ給電方式／4．5．2 常時商用給電方式
5．電気鉄道用パワエレ機器
5．1 電気鉄道の給電方式の概要／5．2 直流き電方式の応用事例
5．3 直流回生電力給電設備／5．3 余剰回生電力の吸収方法
5．3 交流電気車／5．3．2 交流き電電力供給設備
第2章　需要家向けの適用事例
1．スマートハウス
2．スマートビル
2．1 はじめに／2．2 スマートビルにおける障害や災害の原因
2．2．1 雷／2．2．2 電磁誘導／2．2．3 静電誘導
2．3 スマートビルにおける障害や災害の防止対策
2．3．1 雷／2．3．2 電磁誘導／2．3．3 静電誘導
2．4 まとめ
3．電気自動車（EV）用充電器
3．1 はじめに／3．2 急速充電
3．2．1 CHAdeMO 仕様／3．2．2 急速充電器
3．3 EV バス充電／3．3．3 ワイヤレス充電
3．4 普通充電
3．4．1 車載充電器／3．4．2 普通充電器／3．4．3 プラグインハイブリッド車（PHV）充電
3．5 Vehicle to Home（V2H）
3．6 まとめ
4．PV 用の PCS
4．1 要求される機能と性能／4．2 単相3線式 PCS／4．3 PCS の制御・保護回路／4．4 三相3線式 PCS／4．5 FRT 機能／4．6 PCS の高効率化／4．7 PCS の接地／4．8 高周波絶縁方式 PCS
5．WT 用の PCS

第Ⅰ編　再生可能エネルギー導入の背景
第1章　再生可能エネルギーの導入計画
1．近年のエネルギー事情
1．1 エネルギー消費と資源の逼迫／1．2 地球環境問題とトリレンマ問題
1．3 循環型社会の構築
2．再生可能エネルギーの導入とコンバータ技術
2．1 再生可能エネルギーの導入計画／2．2 コンバータ技術の重要性
第2章　再生可能エネルギーの種類と系統連系
1．再生可能エネルギーの種類とその概要
1．1 再生可能エネルギーの種類と背景／1．2 コージェネレーション（CGS：Cogeneration System）／1．3 太陽光発電／1．4 風力発電／1．5 バイオマス発電
1．6 燃料電池／1．7 電力貯蔵装置
2．分散型電源の系統連系
2．1 分散型電源の系統連系要件の概要／2．2 系統連系の区分／2．3 発電設備の電気方式
3．系統連系保護の同期
第3章　各種エネルギーシステム
1．太陽光発電
2．風力発電
3．太陽熱利用
3．1 トラフ型／3．2 フレネル型／3．3 タワー型／3．4 ディッシュ型
4．水力発電
5．燃料電池
5．1 燃料電池の原理／5．2 燃料電池の用途と種類
5．2．1 概要／5．2．2 固体高分子形燃料電池（PEFC）／5．2．3 リン酸形燃料電池（PAFC）／5．2．4 固体酸化物形燃料電池（SOFC）／5．2．5 溶融炭酸塩形燃料電池（MCFC）
6．蓄電池
6．1 揚水発電／6．2 蓄電池
6．2．1 鉛蓄電池／6．2．2 NAS 電池／6．2．3 レドックス・フロー電池／6．2．4 全バナジウム電池／6．2．5 ニッケル水素電池／6．2．6 リチウムイオン二次電池
6．3 海洋エネルギー
7．1 海洋温度差発電／7．2 波力発電
8．地熱発電
8．1 地熱発電の概要
8．1．1 地熱発電の3要素／8．1．2 地熱発電所の概要／8．1．3 地熱発電の種類
8．2 地熱発電所の特徴と課題／8．3 地熱発電の現状と動向
8．3．1 発電容量と地下資源量／8．3．2 地熱発電の歴史と動向／8．4 地中熱
9．バイオマス
第Ⅱ編　要素技術
第1章　電力用半導体とその開発動向
1．電力用半導体の歴史
2．IGBT の高性能化
3．スーパージャンクション MOSFET
4．ワイドバンドギャップパワー素子
5．パワー素子のロードマップ
第2章　パワーエレクトロニクス回路
1．はじめに
2．再生可能エネルギー利用におけるパワーエレクトロニクス回路
3．昇圧チョッパの原理と機能
4．インバータの原理と機能
4．1 電圧形インバータの動作原理／4．2 電流形インバータによる系統連系の原理
5．電流形インバータによる交流電源連系の制御
第3章　交流バスと直流バス（低圧直流配電）
1．序論
2．交流配電方式

発行／科学情報出版（株）

● ISBN 978-4-904774-51-9　　一般社団法人　電気学会　編集
　　　　　　　　　　　　　　　スマートグリッドとEMC調査専門委員会

設計技術シリーズ
スマートグリッドとEMC
― 電力システムの電磁環境設計技術 ―

本体 5,500 円＋税

1. スマートグリッドの構成とEMC問題
2. 諸外国におけるスマートグリッドの概況
   2.1 米国におけるスマートグリッドへの取り組み状況
   2.2 欧州におけるスマートグリッドへの取り組み状況
   2.3 韓国におけるスマートグリッドへの取り組み状況
3. 国内における
   スマートグリッドへの取り組み状況
   3.1 国内版スマートグリッドの概況
   3.2 経済産業省によるスマートグリッド／コミュニティへの取り組み
   3.3 スマートグリッド関連国際標準化に対する経済産業省の取り組み
   3.4 総務省によるスマートグリッド関連装置の標準化への対応
   3.5 スマートグリッドに対する電気学会の取り組み
   3.6 スマートコミュニティに関する経済産業省の実証実験
   3.7 スマートコミュニティ事業化のマスタープラン
   3.8 NEDOにおけるスマートグリッド／コミュニティへの取り組み
   3.9 経済産業省とNEDO以外で実施されたスマートグリッド関連の研究・実証実験
4. IEC（国際電気標準会議）における
   スマートグリッドの国際標準化動向
   4.1 SG3（スマートグリッド戦略グループ）からSyC Smart Energy（スマートエネルギーシステム委員会）へ
   4.2 SG6（電気自動車戦略グループ）
   4.3 ACEC（電磁両立性諮問委員会）
   4.4 TC 77（EMC規格）
   4.5 CISPR（国際無線障害特別委員会）
   4.6 TC 8（電力供給に係わるシステムアスペクト）
   4.7 TC 13（電力量計測、料金・負荷制御）
   4.8 TC 57（電力システム管理および関連情報交換）
   4.9 TC 64（電気設備および感電保護）
   4.10 TC 65（工業プロセス計測制御）
   4.11 TC 69（電気自動車および電動産業車両）
   4.12 TC 88（風力タービン）
   4.13 TC 100（オーディオ、ビデオおよびマルチメディアのシステム／機器）
   4.14 PC 118（スマートグリッドユーザインターフェース）
   4.15 TC 120（Electrical Energy Storage Systems：電気エネルギー貯蔵システム）
   4.16 ISO/IEC JTC 1（情報技術）
5. IEC以外の国際標準化組織における
   スマートグリッドの動向
   5.1 ISO/TC 205（建築環境設計）におけるスマートグリッド関連の取り組み状況
   5.2 ITU-T（国際電気通信連合の電気通信標準化部門）
   5.3 IEEE（電気・電子分野で世界最大の学会）におけるスマートグリッドの動向
6. スマートメータとEMC
   6.1 スマートメータとSNS連携による再生可能エネルギー利活用促進基盤に関する研究開発　（愛媛大学）
   6.2 スマートメータに係る通信システム
   6.3 暗号モジュールを搭載したスマートメータからの情報漏えいの可能性の検討
7. スマートホームとEMC
   7.1 スマートホームの構成と課題
   7.2 スマートホームに係る通信システム
   7.3 電力線重畳型認証技術　（ソニー）
   7.4 スマートホームにおける太陽光発電システム（日本電機工業会）
   7.5 スマートホームにおける電気自動車充電システム
   7.6 スマートホーム・グリッド用蓄電池・蓄電システム（NEC：日本電気）
   7.7 スマートホーム関連設備の認証（JET：電気安全環境研究所）
   7.8 スマートホームにおけるEMC
   7.9 スマートグリッドに関連した
   電磁界の生体影響に関わる検討事項
8. スマートグリッド・スマートコミュニティとEMC
   8.1 スマートグリッドに向けた課題と対策（電力中央研究所）
   8.2 スマートグリッド・スマートコミュニティに係る通信システムのEMC
   8.3 スマートグリッド関連機器のEMCに関する取組み（NICT：情報通信研究機構）
   8.4 パワーエレクトロニクスへのワイドバンドギャップ半導体の適用とEMC（大阪大学）
   8.5 メガワット級大規模蓄発電システム（住友電気工業）
   8.6 再生可能エネルギーの発電量予測とIBMの技術・ソリューション

付録　スマートグリッド・コミュニティに対する
　　　各組織の取り組み
　A　愛媛大学におけるスマートグリッドの取り組み
　B　日本電機工業会における
　　　スマートグリッドに対する取り組み
　C　スマートグリッド・コミュニティに対する東芝の取り組み
　D　スマートグリッドに対する三菱電機の取り組み
　E　スマートシティ／スマートグリッドに対する
　　　日立製作所の取り組み
　F　トヨタ自動車のスマートグリッドへの取り組み
　G　デンソーのマイクログリッドへの取り組み
　H　スマートグリッド・コミュニティに対するIBMの取り組み
　I　ソニーのスマートグリッドへの取り組み
　J　低炭素社会実現に向けたNECの取り組み
　K　日本無線（JRC）における
　　　スマートコミュニティ事業に対する取り組み
　L　高速電力線通信推進協議会における
　　　スマートグリッドへの取り組み

発行／科学情報出版（株）

● ISBN 978-4-904774-20-5　　　　三菱マテリアル㈱　田中　芳幸　著

設計技術シリーズ

サージ対策入門と設計法

本体 2,400 円＋税

第 1 章　「なぜサージ対策が必要？」
　　　　　「どんな対策部品があるの？」
1．なぜサージ対策が必要か？
2．サージとは何か？
　2－1　誘導雷サージ
　2－2　静電気サージ
3．どのように機器を守るか？

第 2 章　サージ対策部品の種類と特徴
1．サージ対策部品の種類と構造、動作原理
　1－1　放電管型
　　1－1－1　マイクロギャップ方式の放電管
　　1－1－2　アレスタ方式
　1－2　セラミックバリスタ
　1－3　半導体型
　　1－3－1　TSS（Thyristor Surge Suppressor）
　　1－3－2　ABD（Avalanche Breakdown Diode）
　1－4　ポリマー ESD 素子

第 3 章　サージ対策部品の特徴を活かした使い分け
1．サージ対策部品の使い分け
　1－1　インバータ電源回路の保護
　1－2　通信線に接続された製品の保護
　1－3　静電気サージ対策事例：車載アンテナアンプの保護

第 4 章　電源回路のサージ対策 1
1．AC 電源のサージ対策
　1－1　絶縁協調
　1－2　対策部品の配置、サージ退路への配慮
　1－3　ヒューズの配置について
2．サージ対策事例：コモンモードフィルタ使用時の対策
　2－1　共振現象について
　2－2　コモンモードフィルタが 2 段の時
　2－3　コモンモードフィルタの他に
　　　　コイルとコンデンサのペアが含まれている場合
　2－4　コモンモードフィルタ対策時の注意点

第 5 章　電源回路のサージ対策 2
　　　　　情報機器電源のサージ対策（IEC 60950-1）
1．国際規格 IEC 60950-1：変遷と解釈
2．2006 年の第 2 版改訂の内容と解釈
3．2013 年 IEC 60950-1 Am.2 Ed.2（最終決定）
4．関連トピック：TV セットのアンテナカップリング
補足 1．絶縁の種類について
補足 2．機器のクラス分けについて
補足 3．タイプ B のプラグについて

第 6 章　通信線へのサージ対策
1．通信装置のサージ対策
2．通信線用のサージ防護装置
3．新たな通信手段とサージ対策

第 7 章　無線通信機のサージ対策
1．データ通信の無線化に関して
2．アンテナ部分の静電気サージ対策
　2－1　静電気サージ試験
　2－2　信号に対する安定性について

第 8 章　アンテナ部分の静電気対策
1．静電気対策方法
2．静電気対策の実例
　2－1　各対策部品のサージ吸収特性
　2－2　試験基板での評価結果
3．まとめ

第 9 章　放電管とバリスタの直列接続について
1．放電管とバリスタを直列接続した時の直流放電開始電圧について
　（Q1）
2．放電管とバリスタの直列接続時のインパルス放電開始電圧について
　（Q2）
3．バリスタ＋放電管と放電管＋バリスタという接続について
　（Q3）

第 10 章　SPD 分離器用ヒューズについて
1．雷サージ対策について
2．低電サージ防護デバイスの規格について
3．SPD 分離器に関して
4．SPD 分離器の規格について

第 11 章　サージ対策試験について（立会試験）
1．実機での試験の意味
2．電子機器のサージ対策に関する実例
　2－1　事例 1
　　　　より良い保護方法の提案：残留電圧の低減
　2－2　事例 2
　　　　見落とされていた部品の影響の確認：共振現象への対策
　2－3　事例 3
　　　　予想外のサージ侵入経路が存在：同じ建屋でも機器間の接続部のサージ対策は必要
　2－4　事例 4
　　　　予想しなかった経路：図面だけでは見えないところもある
3．立会試験は有効

発行／科学情報出版（株）

●ISBN 978-4-904774-27-4

竹谷 是幸 著

設計技術シリーズ

太陽光発電システム事例解説書
雷保護と設計法

本体 3,300 円＋税

第1章 太陽光発電システムの雷保護 （中規模太陽光発電システム）
1. 太陽電池アレイの受雷確率
2. 障害発生源としての雷電流の種類
3. 波形 10/350 μs と 8/20 μs の差
4. それぞれの雷電流波形に対して適用される SPD にはどのようなものがあるか？
5. 等電位ボンディングの方法と SPD の設置位置と種類
6. 太陽光発電回路用 SPD の特殊性
7. 短絡耐量を持つ SPD
8. 安全離隔距離が確保できない場合の雷保護等電位ボンディング
9. PV 発電回路における直撃雷電流用 SPD
10. まとめ

第2章 大型太陽光発電システムの構成と SPD
1. 複数の太陽電池アレイ・ユニットをインバータの交流側で連結する場合
2. 複数の太陽電池アレイ・ユニットをインバータの直流側で連結する場合
3. 太陽光発電の直流回路のマイナス側接地の場合

第3章 太陽光発電システムの雷保護の基本事項 その1
1. はじめに
2. 建築物の直撃雷の受雷数
3. 雷電流の特性値
4. 雷の種類
5. 雷撃の作用
6. 雷保護レベルと雷保護設備の有効性
7. 雷保護の基本原理
8. 電気設備の雷保護のための手段のまとめ

第4章 太陽光発電システムの雷保護の基本事項 その2
9. 雷電流を複数の引き下げ導線へ分流
10. 電位上昇と等電位ボンディング
11. 等電位ボンディングの実施
12. 等電位ボンディングに含まれる導体の雷電流分流分
13. サージ防護デバイス（SPD）

第5章 太陽光発電システムの雷保護の基本事項 その3
14. 雷電流によって誘導される電圧と電流

第6章 太陽光発電システムの雷保護の基本事項 その4
15. 誘導電流の大きさ

第7章 太陽光発電システムの雷保護の基本事項 その5
16. バイパスダイオードを流れる誘導電流

第8章 太陽光発電システムの雷保護の基本事項 その6
17. 雷電流を流すシリンダーの内部に発生する電圧
18. 個々のモジュールにおける誘導電圧

第9章 太陽光発電システムの雷保護の基本事項 その7
19. 配線された太陽光発電システムの誘導電圧

第10章 太陽光発電システムの雷保護の基本事項 その8
20. 太陽光発電設備の雷保護技術上最適な設計

第11章 太陽光発電システムの雷保護の基本事項 その9
21. 太陽光発電設備の雷保護のための SPD の適用方法

第12章 太陽光発電システムの雷保護の基本事項 その10
22. 太陽光発電システムの直流回路の接地と SPD の取り付け方

第13章 太陽光発電システムの雷保護の基本事項 その11
23. 遠方雷撃、近接雷撃および直撃雷撃に対する保護
24. 平坦な屋上の太陽光発電設備の雷保護

第14章 太陽電池セルを接続する場合の問題点
1. すべての象限における太陽電池セルの特性
2. 逆電流通過の場合の挙動（ダイオードの順方向範囲における挙動）
3. 電圧逆転（ダイオードの阻止範囲）の場合の太陽電池セルの挙動
4. 許容される全体の単位面積当たりの損失の概算値
5. 太陽電池セルのシリーズ接続
6. ホットスポット生成の危険
7. モジュールに取り付けるバイパスダイオード
8. バイパスダイオード省略の可能性
9. ソーラーセルの並列接続

第15章 部分的な影及びミスマッチによる太陽光発電装置における電力損失
1. はじめに
2. 個々のモジュールが影を受けた結果の損失
3. バラツキによるミスマッチ損失
4. 日射の不均一によるミスマッチ損失

第16章 太陽電池モジュールとインバータ間の相互作用
1. はじめに
2. 系統連系インバータの入力側の電位に関する定義
3. 市販のインバータのトポロジーと入力電圧の大地に対する電位の経過

付録1 IEC 62305 に規定の雷電流特性値の根拠と実績
1. 大地への落雷
2. 下向き雷撃
3. 上向き雷撃
4. 下向き雷撃の雷電流最大値
5. 雷電流および雷電流特性値
6. 電流成分
7. 雷保護レベル LPL の定義
8. 雷電流特性値の確認

付録2 太陽光発電システムの規格改訂動向について
1. はじめに
2. 本改訂案のポイント
3. JIS C 0364-7-712:2008 太陽光発電システムの 712.3 用語および定義に対し本改訂案で追加・改訂された用語と定義
4. IEC 60364-7-712 Ed.2 特殊設備または特殊場所に関する要求事項

発行／科学情報出版（株）

●ISBN 978-4-904774-63-2　　前 東京大学／前 宇宙航空研究開発機構　里 誠 著

設計技術シリーズ
PWM DCDC 電源の設計

本体 4,600 円＋税

1．PWM DCDCコンバータ
　1.1　DC-AC-DCコンバータ
　1.2　方形波の採用とPWM
　1.3　PWM DCDC コンバータの構成

2．整流
　2.1　平均化
　2.2　平均化の条件
　2.3　平均化の条件を満たす整流回路
　2.4　整流回路の時定数とスイッチング周期
　2.5　キャパシタの追加
　2.6　サージの吸収
　2.7　整流回路の設計
　2.8　おさらい

3．二次系
　3.1　整流回路
　3.2　ダイオード回路
　3.3　ロード・レギュレーション
　3.4　トランス
　3.5　負荷

4．一次系
　4.1　スイッチング回路
　4.2　PWM IC
　4.3　補助電源
　4.4　電圧検出
　4.5　EMIフィルタ

5．三次系
　5.1　スパイク対策
　5.2　コモン・モード・ノイズ対策
　5.3　電磁干渉対策
　5.4　実装

Appendix ベタ・パターン考

発行／科学情報出版（株）

● ISBN 978-4-904774-61-8

静岡大学　浅井 秀樹　監修

設計技術シリーズ

新／回路レベルのEMC設計
―ノイズ対策を実践―

本体 4,600 円＋税

第1章　伝送系、システム系、CADから見た回路レベルEMC設計
1．概説／2．伝送系から見た回路レベルEMC設計／3．システム系から見た回路レベルEMC設計／4．CADからみた回路レベルEMC設計

第2章　分布定数回路の基礎
1．進行波／2．反射係数／3．1対1伝送における反射／4．クロストーク／5．おわりに

第3章　回路基板設計での信号波形解析と製造後の測定検証
1．はじめに／2．信号速度と基本周波数／3．波形解析におけるパッケージモデル／4．波形測定／5．解析波形と測定波形の一致の条件／6．まとめ

第4章　幾何学的に非対称な等長配線差動伝送線路の不平衡と電磁放射解析
1．はじめに／2．検討モデル／3．伝送特性とモード変換の周波数特性の評価／4．放射特性の評価と等価回路モデルによる支配的要因の識別／5．おわりに

第5章　チップ・パッケージ・ボードの統合設計による電源変動抑制
1．はじめに／2．統合電源インピーダンスと臨界制動条件／3．評価チップの概要／4．パッケージ、ボードの構成／5．チップ・パッケージ・ボードの統合解析／6．電源ノイズの測定と解析結果／7．電源インピーダンスの測定と解析結果／8．まとめ

第6章　EMIシミュレーションとノイズ波源としてのLSIモデルの検証
1．はじめに／2．EMCシミュレーションの活用／3．EMIシミュレーション精度の向上／4．考察／5．まとめ

第7章　電磁界シミュレータを使用したEMC現象の可視化
1．はじめに／2．EMC対策でシミュレータが活用されている背景／3．電磁界シミュレータが使用するマクスウェルの方程式／4．部品の等価回路／5．Zパラメータ／6．Zパラメータと電磁界／7．電磁界シミュレータの効果／8．まとめ

第8章　ツールを用いた設計現場でのEMC・PI・SI設計
1．はじめに／2．パワーインテグリティとEMI設計／3．SIとEMI設計／4．まとめ

第9章　3次元構造を加味したパワーインテグリティ評価
1．はじめに／2．PI設計指標／3．システムの3次元構造における寄生容量／4．3次元PI解析モデル／5．解析結果および考察／6．まとめ

第10章　システム機器におけるEMC対策設計のポイント
1．シミュレーション基本モデル／2．筐体ヘケーブル・基板を挿入したモデル／3．筐体内部の構造の違い／4．筐体の開口部について／5．EMC対策設計のポイント

第11章　設計上流での解析を活用したEMC/SI/PI協調設計の取り組み
1．はじめに／2．電気シミュレーション環境の構築／3．EMC-DRCシステム／4．大規模電磁界シミュレーションシステム／5．シグナルインテグリティ(SI)解析システム／6．パワーインテグリティ(PI)解析システム／7．EMC/SI/PI協調設計の実践事例／8．まとめ

第12章　エミッション・フリーの電気自動車をめざして
1．はじめに／2．プロジェクトのミッション／3．新たなパワー部品への課題／4．電気自動車の部品／5．EMCシミュレーション技術／6．EMR試験および測定／7．プロジェクト実行計画／8．標準化への取り組み／9．主なプロジェクト成果／10．結論および今後の展望

第13章　半導体モジュールの電源供給系(PDN)特性チューニング
1．はじめに／2．半導体モジュールにおける電源供給系／3．PDN特性チューニング／4．プロトタイプによる評価／5．まとめ

第14章　電力変換装置のEMI対策技術ソフトスイッチングの基礎
1．はじめに／2．ソフトスイッチングの歴史／3．部分共振電番方式／4．ソフトスイッチングの得意分野と不得意分野／5．むすび

第15章　ワイドバンドギャップ半導体パワーデバイスを用いたパワーエレクトロニクスにおけるEMC
1．はじめに／2．セルフターンオン現象と発生メカニズム／3．ドレイン電圧印加に対するゲート電圧変化の検証実験／4．おわりに

第16章　IEC 61000-4-2間接放電イミュニティ試験と多重放電
1．はじめに／2．測定／3．考察／4．むすび

第17章　モード変換の表現可能な等価回路モデルを用いたノイズ解析
1．はじめに／2．不連続のある多線条線路のモード等価回路／3．モード等価回路を用いた実測結果の評価／4．その他の場合の検討／5．まとめ

第18章　自動車システムにおける電磁界インターフェース設計技術
1．はじめに／2．アンテナ技術／3．ワイヤレス電力伝送技術／4．人体通信技術／5．まとめ

第19章　車車間・路車間通信
1．はじめに／2．ITSと関連する無線通信技術の略史／3．700MHz帯高度道路交通システム(ARIB STD-T109)／4．未来のITSとそれを支える無線通信技術／まとめ

第20章　私のEMC対処法学問的アプローチの弱点を突く、その対極にある解決方法
1．はじめに／2．設計できるかどうか／3．なぜ「EMI/EMS対策設計」が困難なのか／4．「EMI/EMS対策設計」ができないとき、どうするか／5．EMI/EMSのトラブル対策(効率アップの方法)／6．対策における注意事項／7．EMC技術・技能の学習方法／8．おわりに

発行／科学情報出版（株）

●ISBN 978-4-904774-49-6　　　宇部工業高等専門学校　西田 克美 著

設計技術シリーズ
インバータ制御技術と実践

本体 3,700 円＋税

序章　電気回路の基本定理
　A.1　オームの法則
　A.2　ファラデーの法則
　A.3　フレミングの右手の法則と左手の法則―直線運動の場合
　A.4　相互インダクタンス

第1章　インバータの基本と
　　　　半導体スイッチングデバイス
　1.1　単相インバータの基本原理
　1.2　半導体スイッチングデバイスの分類
　1.3　ダイオード
　1.4　半導体スイッチングデバイス　IGBT
　1.5　半導体スイッチングデバイス　MOS-FET

第2章　単相インバータ
　2.1　ユニポーラ式 PWM
　2.2　三角波比較法によるユニポーラ方式 PWM
　2.3　三角波比較法によるバイポーラ方式 PWM
　2.4　直流入力電圧の作り方
　[コラム2.1] 三相電源の接地方式

第3章　三相インバータ
　3.1　初歩的な三相インバータ (=6ステップインバータ)
　3.2　三相 PWM の手法
　3.3　瞬時空間ベクトルとは
　3.4　2レベルインバータの基本電圧ベクトル
　3.5　空間ベクトル変調方式 PWM
　3.6　瞬時空間ベクトルから三相量への変換
　3.7　空間ベクトル変調方式 PWM で出力できる電圧の大きさ

第4章　3レベル三相インバータ
　4.1　3レベル三相インバータ
　4.2　3レベル三相インバータのゲート信号作成原理
　4.3　デッドタイムの必要性
　4.4　デッドタイムの補償
　4.5　3レベル三相インバータ制御の留意点
　4.6　T形3レベル三相インバータ

第5章　誘導電動機の
　　　　三相インバータを用いた駆動
　5.1　三相インバータ導入のメリット
　5.2　三相かご形誘導電動機のトルク発生原理
　5.3　V/f 一定制御方式
　5.4　すべり周波数制御方式
　5.5　ベクトル制御方式
　5.6　インバータ導入の反作用
　[コラム5.1] ゼロ相分について
　[コラム5.2] インバータのサージ電圧

第6章　永久磁石電動機の
　　　　三相インバータを用いた駆動
　6.1　永久磁石同期電動機のトルク発生原理
　6.2　永久磁石同期電動機の基本式
　6.3　永久磁石同期電動機の運転方法
　6.4　永久磁石同期電動機の定数測定法

第7章　系統連系用のインバータ
　7.1　主回路の概要
　7.2　オープンループによる電流制御法
　7.3　フィードバック電流制御法
　7.4　電流制御のプログラム
　7.5　LCL フィルタ
　7.6　系統連系用三相電流形 PWM インバータの概略
　7.7　系統連系用三相電流形 PWM インバータの制御法
　7.8　系統連系用三相電流形 PWM インバータの制御法の改善
　7.9　電流の PWM 変調

第8章　インバータのハードウェア
　8.1　パワーデバイスのゲート駆動用電源
　8.2　ゲート駆動回路
　8.3　2レベルインバータのデットタイム補償
　8.4　半導体スイッチングデバイスでの損失
　8.5　PLL と PWM 発生回路
　8.6　インバータ制御回路に使用されるマイコン
　8.7　インバータシステムで使用される測定器
　[コラム8.1] DSP プログラム

第9章　汎用インバータの操作方法
　9.1　インバータの選定
　9.2　インバータのセットアップ
　9.3　トルク制御の方法
　9.4　多段則運転

発行／科学情報出版（株）

● ISBN 978-4-904774-02-1

京都大学　篠原　真毅　著
東京大学　小柴　公也

設計技術シリーズ
ワイヤレス給電技術

本体 2,800 円+税

第1章．はじめに

第2章．電磁界の基礎
　2.1 マックスウェルの電磁界方程式
　2.2 波動方程式
　2.3 電磁波のエネルギーの流れ

第3章．等価回路とインピーダンス
　3.1 分布定数線路上の伝搬
　3.2 入力インピーダンス

第4章．近傍界を利用したワイヤレス給電技術
　4.1 長ギャップを有する電磁誘導
　4.2 電力伝送効率
　4.3 高Q値コイルを用いた電磁誘導
　4.4 エネルギー移送の速度と方向性
　4.5 周波数・インピーダンス整合

第5章．アンテナによるワイヤレス給電技術
　5.1 アンテナ
　5.2 アンテナの損失
　5.3 アンテナ利得とビーム効率
　　　－遠方界でのワイヤレス給電－
　5.4 ワイヤレス給電のビーム効率
　　　－近傍界でのワイヤレス給電－
　5.5 ビーム効率向上手法

第6章．フェーズドアレーによるビーム制御技術
　6.1 ビーム制御の必要性
　6.2 フェーズドアレーの基本理論
　6.3 フェーズドアレーを用いたビーム方向制御に伴う損失
　6.4 グレーティングローブの発生による損失と損失抑制手法
　6.5 グレーティングローブが発生せずとも起こるビーム制御に伴う損失
　6.6 位相・振幅・構造誤差にともなう損失
　6.7 パイロット信号を用いた目標位置推定
　　　－レトロディレクティブ方式－
　6.8 パイロット信号を用いた目標位置推定
　　　－DirectionOfArrivalとソフトウェアレトロ

第7章．受電整流技術
　7.1 レクテナ－マイクロ波受電整流アンテナ－
　7.2 レクテナ用整流回路
　7.3 弱電用レクテナの高効率化
　7.4 レクテナ用アンテナ
　7.5 レクテナアレーの基本理論
　7.6 レクテナアレーの発展理論
　7.7 マイクロ波整流用電子管 －CWC－
　7.8 低周波数帯における整流

第8章．ワイヤレス給電の応用
　8.1 はじめに－ワイヤレス給電の歴史－
　8.2 携帯電話等モバイル機器への応用
　8.3 電気自動車への応用
　8.4 建物・家電等への応用
　8.5 飛翔体への応用
　8.6 ガス管等のチューブを移動する検査ロボットへの応用
　8.7 固定点間ワイヤレス給電への応用
　8.8 宇宙太陽発電所 SPS への応用

発行／科学情報出版（株）

● ISBN 978-4-904774-28-1

京都大学　篠原 真毅　監修

設計技術シリーズ
電界磁界結合型ワイヤレス給電技術
― 電磁誘導・共鳴送電の理論と応用 ―

本体 3,600 円＋税

第1章　はじめに
第2章　共鳴（共振）送電の基礎理論
2.1　共鳴送電システムの構成
2.2　結合モード理論による共振器結合の解析
2.3　磁界結合および電界結合の特徴
2.4　WPT 理論とフィルタ理論
第3章　電磁誘導方式の理論
3.1　はじめに
3.2　電磁誘導の基礎
3.3　高結合電磁誘導方式
3.4　低結合型電磁誘導方式
3.5　低結合型電磁誘導方式 II
第4章　磁界共鳴（共振）方式の理論
4.1　概論
4.2　電磁誘導から共鳴（共振）送電へ
4.3　電気的超小形自己共振構造の4周波数と共鳴方式の原理
4.4　等価回路と影像インピーダンス
4.5　共鳴方式ワイヤレス給電系の設計例
第5章　磁界共鳴（共振）結合を用いた
5.1　マルチホップ型ワイヤレス給電における伝送効率低下
5.2　帯域通過フィルタ（BPF）理論を応用した設計手法
5.3　ホップ数に関する拡張性を有した設計方法
5.4　スイッチング電源を用いたシステムへの応用
第6章　電界共鳴（共振）方式の理論
6.1　電界共鳴方式ワイヤレス給電システム
6.2　電界共鳴ワイヤレス給電の等価回路
6.3　電界共鳴ワイヤレス給電システムの応用例

第7章　近傍界による
　　　　ワイヤレス給電用アンテナの理論
7.1　ワイヤレス給電用アンテナの設計法の基本概要
7.2　インピーダンス整合条件と無線電力伝送効率の定式化
7.3　アンテナと電力伝送効率との関係
7.4　まとめ
第8章　電力伝送系の基本理論
8.1　はじめに
8.2　電力伝送系の2ポートモデル
8.3　入出力同時共役整合
8.4　最大効率
8.5　効率角と効率正接
8.6　むすび
第9章　ワイヤレス給電の電源と負荷
9.1　共振型コンバータ
9.2　DC-AC インバータ
9.3　整流器
9.4　E2 級 DC-DC コンバータとその設計指針
9.5　E2 級 DC-DC コンバータを用いたワイヤレス給電システム
9.6　むすび
第10章　高周波パワーエレクトロニクス
10.1　高周波パワーエレクトロニクスとワイヤレス給電
10.2　ソフトスイッチング
10.3　直列共鳴方式ワイヤレス給電
10.4　直並共鳴方式ワイヤレス給電の解析
10.5　共鳴システムの統一的設計法と 10MHz 級実験
第11章　ワイヤレス給電の応用
11.1　携帯電話への応用
11.2　電気自動車への応用 I
11.3　電気自動車への応用 II
11.4　産業機器（回転系・スライド系）への応用
11.5　建物への応用
11.6　環境磁界発電
11.7　新しい応用
第12章　電磁波の安全性
12.1　歴史的背景
12.2　電磁波の健康影響に関する評価研究
12.3　国際がん研究機関（IARC）や世界保健機関（WHO）の評価と動向
12.4　電磁過敏症
12.5　電磁波の生体影響とリスクコミュニケーション
12.6　おわりに
第13章　ワイヤレス給電の歴史と標準化動向
13.1　ワイヤレス給電の歴史
13.2　標準化の意義
13.3　国際標準の意義と状況
13.4　不要輻射　漏えい電磁界の基準；CISPR
13.5　日中韓地域標準化活動
13.6　日本国内の標準化
13.7　今後の EV 向けワイヤレス給電標準化の進み方
13.8　ビジネス面における標準化－スタンダードバトル－

発行／科学情報出版（株）

日本AEM学会／平成28年度 著作賞

●ISBN 978-4-904774-43-4

信州大学　田代 晋久　監修

設計技術シリーズ
環境磁界発電原理と設計法

本体 4,400 円＋税

第1章　環境磁界発電とは
第2章　環境磁界の模擬
  2.1　空間を対象
    2.1.1　Category A
    2.1.2　Category B
    2.1.3　コイルシステムの設計
    2.1.4　環境磁界発電への応用
  2.2　平面を対象
    2.2.1　はじめに
    2.2.2　送信側コイルユニットのモデル検討
    2.2.3　送信側直列共振回路
    2.2.4　まとめ
  2.3　点を対象
    2.3.1　体内ロボットのワイヤレス給電
    2.3.2　磁界発生装置の構成
    2.3.3　磁界回収コイルの構成と伝送電力特性
    2.3.4　おわり
第3章　環境磁界の回収
  3.1　磁束収束技術
    3.1.1　磁束収束コイル
    3.1.2　磁束収束コア
  3.2　交流抵抗増加の抑制技術
    3.2.1　漏れ磁束回収コイルの構造と動作原理
    3.2.2　漏れ磁束回収コイルのインピーダンス特性
    3.2.3　電磁エネルギー回収回路の出力特性
  3.3　複合材料技術
    3.3.1　はじめに
    3.3.2　Fe系アモルファス微粒子分散複合媒質

    3.3.2.1　Fe系アモルファス微粒子
    3.3.2.2　Fe系アモルファス微粒子分散複合媒質の作製方法
    3.3.2.3　Fe系アモルファス微粒子分散複合媒質の複素比透磁率の周波数特性
    3.3.2.4　Fe系アモルファス微粒子分散複合媒質の複素比誘電率の周波数特性
    3.3.2.5　215 MHzにおけるFe系アモルファス微粒子分散複合媒質の諸特性
  3.3.3　Fe系アモルファス微粒子分散複合媒質装荷VHF帯ヘリカルアンテナの作製と特性評価
    3.3.3.1　複合媒質装荷ヘリカルアンテナの構造
    3.3.3.2　複合媒質装荷ヘリカルアンテナの反射係数特性
    3.3.3.3　複合媒質装荷ヘリカルアンテナの絶対利得評価
  3.3.4　まとめ
第4章　環境磁界の変換
  4.1　CW回路
    4.1.1　CW回路の構成
    4.1.2　最適負荷条件
    4.1.3　インダクタンスを含む電源に対する設計
    4.1.4　蓄電回路を含む電力管理モジュールの設計
  4.2　CMOS整流昇圧回路
    4.2.1　CMOS集積回路の紹介
    4.2.2　CMOS整流昇圧回路の基本構成
    4.2.3　チャージポンプ型整流回路
    4.2.4　昇圧DC-DCコンバータ（ブーストコンバータ）の基礎
第5章　環境磁界の利用
  5.1　環境磁界のソニフィケーション
    5.1.1　ソニフィケーションとは
    5.1.2　環境磁界エネルギーのソニフィケーション
    5.1.3　環境磁界のソニフィケーション
  5.2　環境発電用エネルギー変換装置
    5.2.1　環境発電用エネルギー変換装置のコンセプト
    5.2.2　回転モジュールの設計
    5.2.3　環境発電装置エネルギー変換装置の設計
  5.3　磁歪発電
  5.4　振動発電スイッチ
    5.4.1　発電機の基本構造と動作原理
    5.4.2　静特性解析
    5.4.3　動特性解析
    5.4.4　おわり
  5.5　応用開発研究
    5.5.1　環境磁界発電の特徴と応用開発研究
    5.5.2　環境磁界発電の応用分野
    5.5.3　応用開発研究の取り組み方
  5.6　中小企業の産学官連携事業事例紹介（ワイヤレス電流センサによる電力モニターシステムの開発）

発行／科学情報出版（株）

●ISBN 978-4-904774-77-9　　　北九州市立大学　梶原 昭博　著

設計技術シリーズ

ミリ波レーダ技術と設計
―車載用レーダやセンサ技術への応用―

本体 4,700 円 + 税

1．ミリ波の基礎
1.1　電磁波と電波
1.2　電波の大気減衰
1.3　ミリ波の特徴と応用

2．レーダの基礎
2.1　構成要素と動作原理
2.2　レーダ方程式
2.3　レーダ方式
2.4　レーダ性能
2.5　レーダの高度化
2.6　レーダ信号処理

3．ミリ波レーダ
3.1　ミリ波レーダ
3.2　透過・散乱特性
　3.2.1　散乱特性
　3.2.2　透過減衰特性
3.3　レーダ断面積
3.4　クラッタの正規化RCS

4．車載用ミリ波レーダ
4.1　安全走行支援技術と課題
4.2　車載用ミリ波レーダ
4.3　周辺監視技術
4.4　自車位置推定技術

5．高圧送電線検知技術
5.1　高圧送電線検知技術と課題
5.2　高圧送電線検知技術
5.3　相関処理による送電線検知
5.4　検知特性

6．見守りセンサ技術
6.1　見守りセンサ技術と課題
6.2　状態監視技術
　6.2.1　状態監視技術と課題
　6.2.2　見守り技術
　6.2.3　検知特性
6.3　浴室内見守り技術
　6.3.1　浴室内見守り技術と課題
　6.3.2　見守り技術
　6.3.3　検知性能
6.4　トイレ内見守り技術
　6.4.1　トイレ見守り技術と課題
　6.4.2　見守り技術
　6.4.3　検知特性

7．生体情報監視技術
7.1　生体情報監視技術と課題
7.2　呼吸監視技術
　7.2.1　呼吸監視技術
　7.2.2　検知特性
7.3　拍動監視技術
　7.3.1　拍動監視技術
　7.3.2　検知特性

発行／科学情報出版（株）

設計技術シリーズ

熱電発電技術と設計法
－小型化・高効率化の実現－

2019年4月19日　初版発行

著　者　　宮崎　康次　　　　　　　　　　　　　　ⓒ2019

発行者　　松塚　晃医

発行所　　科学情報出版株式会社
　　　　　〒300-2622　茨城県つくば市要443-14 研究学園
　　　　　電話　029-877-0022
　　　　　http://www.it-book.co.jp/

ISBN 978-4-904774-67-0　C2054
※転写・転載・電子化は厳禁